Franz pathisch

CW01649225

Nitzsche

Zum Buch

Als Grundlage zum vorliegenden Buch diente das vom Autor erstellte Begleitheft zur Sonderausstellung *SPINNEN - Tiere zwischen Ekel und Faszination* des Staatlichen Museums für Naturkunde Stuttgart (18.1.-1.11.1989). Anlässlich eines Besuches der Ausstellung durch den Verleger, der über das Verhalten der dort, in diesem Buch (Kap. 4.2.) und inzwischen in einer eigenständigen Monografie (s. letzte Buchseite) vertretenen Brautgeschenkspinne wissenschaftlich arbeitete, konkretisierte sich die Idee, gemeinsam ein Buch mit dem Schwerpunkt »Verhältnis Mensch und Spinne« zu machen.

Zur groben Bestimmung von Spinnen anhand von Farbfotos wird auf das Literaturverzeichnis verwiesen, in dem empfehlenswerte Bücher angeführt sind. Eine exakte Bestimmung ist meist nur bei geschlechtsreifen Spinnen mit spezieller Fachliteratur und Binokular möglich. Ausführliche Informationen zum Körperbau und zur Biologie der Spinnen finden sich in den verschiedenen Auflagen von *Biologie der Spinnen* des Autors Rainer FOELIX.

Autor und Verleger hoffen und wünschen Begeisterung für Spinnen - zumindest Achtung vor ihnen - beim aufmerksamen Leser zu wecken und so einige Spinnenleben in Haus und Hof retten zu können.

Der Autor

Franz Renner ist Diplombiologe und war von 1985 bis 1991 am Staatlichen Museum für Naturkunde Stuttgart tätig. Seit Februar 1991 arbeitet er im Naturschutzzentrum Bad Wurzach. Er beschäftigt sich seit 1983 wissenschaftlich mit Spinnen, speziell mit Ökologie, Faunistik und Taxonomie europäischer Arten. Zahlreiche wissenschaftliche und populärwissenschaftliche Veröffentlichungen zum Thema Spinnen.

Franz Renner

Spinnen

ungeheuer - sympathisch

Reihe Natur 1

Rainar NITZSCHE Verlag

Das Titelbild zeigt die Hauswinkelspinne *Eratigena atrica* im Waschbecken.

Die Deutsche Nationalbibliothek verzeichnet diese Publikation in der Deutschen Nationalbibliografie; detaillierte bibliografische Daten sind im Internet über dnb.d-nb.de abrufbar.

© 1990-2018 Rainar NITZSCHE Verlag
Fischerstr. 69
67655 Kaiserslautern, Deutschland
Tel. / Fax: +49 (0)631 31178494
E-Mail: nitzscheverlag@kabelmail.de

1. Auflage: 1990, 2. korrigierte Auflage: 1991, 3. leicht überarbeitete Auflage: 1997, 4. neu gesetzte Auflage in neuer deutscher Rechtschreibung: 2001, 5. korrigierte Auflage (Artenzahlen, Systematik, Satzoptimierung): 2008, 6. inhaltlich unveränderte, neu gesetzte Auflage 2012, 7. neu gesetzte Auflage, Coverbild auf Seite 1 ergänzt, korrigierte Artenzahl, aktualisierte wissenschaftliche Artnamen: 2018.

Alle Rechte, insbesondere das Recht der Vervielfältigung und Verbreitung sowie der Übersetzung vorbehalten. Kein Teil des Werkes darf in irgendeiner Form (durch Fotokopie, Druck, Mikrofilm oder ein anderes Verfahren) ohne schriftliche Genehmigung des Verlages reproduziert oder unter Verwendung elektronischer Systeme verarbeitet, vervielfältigt oder verbreitet werden. Hiervon ausgenommen sind die in den §§ 53, 54 des UrhG genannten Fälle.

Lektorat: Diplom-Biologe Dr. Rainar Nitzsche
Umschlagentwurf: Franz Renner unter Verwendung eines Fotos von H. Lumpe
Computersatz: Rainar NITZSCHE Verlag
Herstellung: Books on Demand, Norderstedt

Printed in Germany
Reihe Natur 1
ISBN 978-3-9802102-0-1

MIX
Papier aus verantwortungsvollen Quellen
Paper from responsible sources
FSC® C105338
FSC
www.fsc.org

Vorwort

Pfui Spinne!

Selbst in einer Zeit, in der der Mensch die Atome spaltet, seine Spuren auf dem Mond hinterlassen hat und täglich seine Portion Horror in der Tagesschau sieht, hat er **Angst vor kleinen Tieren:** den Spinnen. Meist ohne zu wissen, wie eine Spinne genau aussieht, wie viele Beine sie hat oder gar wie viele Augen.

Merkwürdig, dass wir den Spinnen mit ihren faszinierenden Fähigkeiten eher mit Angst und Ekel als mit **Respekt** begegnen. Die mechanischen Eigenschaften ihrer Spinnfäden müssten jeden Brückenbauer vor Neid erblassen lassen. Die Fähigkeit, an winzigsten Erschütterungen zu erkennen, ob diese vom Wind oder vom Trommelwirbel eines fortpflanzungsbereiten Männchens hervorgerufen werden, müsste jeden Seismologen begeistern.

So fremd und doch so nahe

Einerseits sind uns Spinnen so fremd, andererseits doch so nah!

Da sich viele Arten unsere Wohnungen als Lebensraum auserkoren haben und wir sie im Garten, am Wegesrand, eigentlich überall finden, müssten wir im Umgang mit ihnen vertraut sein. Doch genau das Gegenteil ist der Fall, die Furcht überwiegt: Spinnen sind als Ekeltiere und giftige Monster verschrien.

Aber Spinnen sind ganz anders! Und genau darüber will dieses Buch berichten. Und das Tolle daran: wenn wir uns von der Faszination der Spinnen einfangen lassen und Spinnen beobachten wollen, brauchen wir keine teuren Reisen in ferne Länder oder Expeditionen zu unternehmen. Es genügt, wenn wir in den Keller gehen, im Wohnzimmer hinters Sofa schauen oder uns im Garten und beim Sonntagsspaziergang am Wegesrand umsehen. Genau die Spinnenarten, die wir da finden, sind auch die Hauptdarsteller in diesem Buch.

Für Barbara, Adrian und Charlotte

Ein herzliches Dankeschön an
Susanne Fiechtner, Maria Gaertner, Hans Lumpe,
Rainar Nitzsche, Sabine Petri und Henriette Stehle
für vielfältige Unterstützung.

Inhalt

1. Spinnen und Spinnentiere

Spinnentiere

Spinnen werden mit **Weberknechten, Pseudoskorpionen, Milben** und **Skorpionen** sowie einigen tropischen Gruppen zur Klasse der Spinnentiere zusammengefasst. Besonders mit Weberknechten werden sie immer wieder verwechselt. Betrachtet man sich jedoch den **Körper einer Spinne** genauer, so fallen einige Besonderheiten auf, die eine Verwechslung mit anderen Spinnentieren ausschließen (Abb. 1).

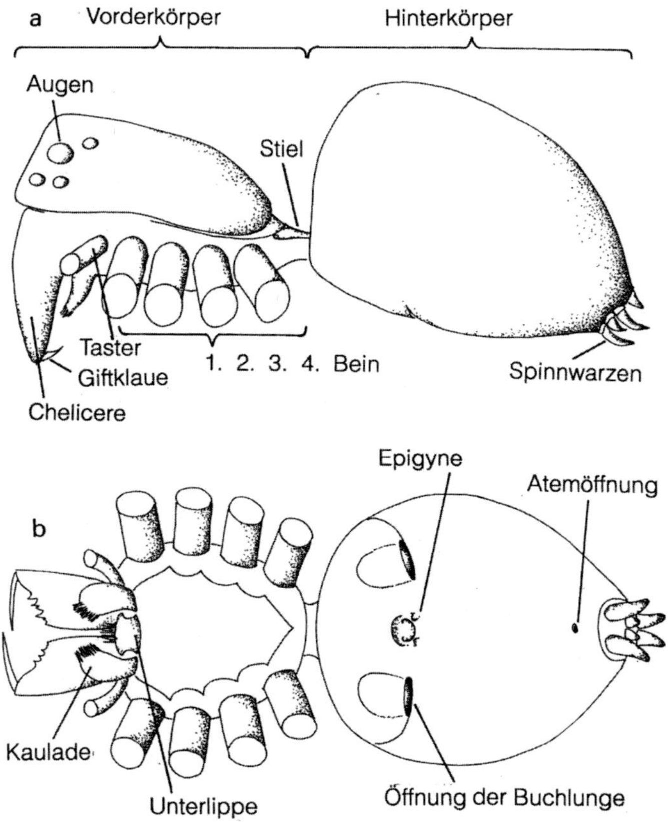

Abb. 1: **Äußere Gliederung** einer weiblichen Spinne. a: Seitensicht, b: Unteransicht.

Spinnentaille

Der Körper der Spinnen ist zweigeteilt. **Vorderkörper** (Prosoma) und **Hinterkörper** (Opisthosoma) sind durch einen engen **Stiel** (Petiolus) miteinander verbunden. Die übrigen heimischen Spinnentiere besitzen diese »Spinnentaille« nicht.

Acht Beine

Spinnen besitzen sechs Gliedmaßenpaare am Vorderkörper. Das erste Paar sind die Mundwerkzeuge mit den **Giftklauen** (Cheliceren), das zweite Paar die **Taster** (Pedipalpen), drittes bis sechstes Paar die **Laufbeine**. Spinnen haben also vier Paar Beine, die am Vorderkörper eingelenkt sind. Insekten dagegen besitzen drei Paar Beine.

Der Hinterkörper trägt keine Extremitäten und ist im Gegensatz zum Vorderkörper weichhäutig und dehnbar. An seiner Bauchseite liegen die Öffnungen der Buchlungen, die Geschlechtsöffnung und die Spinnwarzen.

Arbeitsteilung

Im Innern des **Vorderkörpers** liegen Zentralnervensystem, Vorderdarm, Giftdrüsen und die Muskulatur für den Saugmagen und die Laufbeine (Abb. 2). Der Vorderkörper dient somit hauptsächlich der Fortbewegung und der Nahrungsaufnahme.

Der **Hinterkörper** erfüllt dagegen wichtige vegetative Aufgaben: Hier sind die Verdauungs-, Atem-, Ausscheidungs- und Geschlechtsorgane sowie die Spinndrüsen lokalisiert.

Spinnen sind Landtiere - schon seit rund 400 Millionen Jahren

Fossile Spinnen sind aus dem Erdaltertum (Karbon, vor 300 Millionen Jahren) bekannt. Es wird angenommen, dass die ersten Spinnen im **Devon** (vor 400 Millionen Jahren) aufgetreten sind. Die meisten Fossilfunde jedoch sind Einschlüsse in Bernstein und reichen rund 30 Millionen Jahre zurück.

Weltweit sind derzeit mehr als **47 000 Arten** bekannt. Die Artenzahl in Mitteleuropa beträgt über 1300. In Deutschland leben mehr als 1000 Arten.

Spinnen sind **Landtiere** und haben von den Meeresküsten bis zu den Hochgebirgsregionen alle Landlebensräume erobert.

Im Wasser und doch im Trockenen

Nur eine Art, die **Wasserspinne** *Argyroneta aquatica*, hat das Süßwasser als Lebensraum erschlossen. Alle wichtigen Lebensvorgänge (Nahrungsaufnahme, Fortpflanzung, Eiablage) finden aber trotzdem im Trockenen statt.

Argyroneta baut nämlich unter Wasser eine luftgefüllte Wohnglocke. Hierzu spinnt sie zunächst einen flachen Gespinstteppich, unter den sie Luft trägt: Sie schwimmt an die Wasseroberfläche und streckt ihren Hinterkörper aus dem Wasser. Beim ruckartigen Eintauchen bleibt eine große Luftblase an ihm hängen, die sie zusätzlich mit den Beinen festhält. Unter dem Gewebe angelangt, öffnet sie die Beine, die Luftblase steigt auf und wölbt die Gewebedecke nach oben. Die Taucherglocke ist fertig. Von Zeit zu Zeit muss Argyroneta ihren Luftvorrat erneuern. Gelegentlich muss sie eine neue Glocke bauen, weil die alte zerstört wurde. Einfacher hat sie es, wenn sie leere Schneckenhäuser mit Luft füllt.

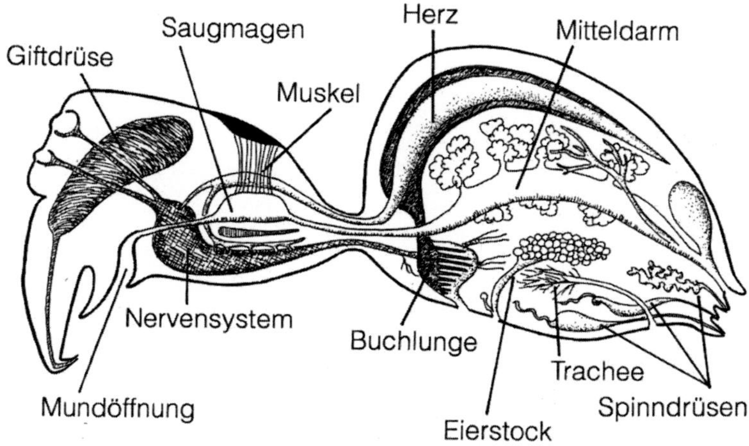

Abb. 2: **Innerer Körperbau** einer weiblichen Spinne.

2. Was für Beine! - Nur zum Laufen viel zu schade!

Iiihh, die langen Beine!

Fragt man Leute, die sich vor Spinnen ekeln, was denn so unheimlich an ihnen sei, so hört man als Antwort immer wieder: »Es sind die langen, haarigen Beine«.

Unser Ekel vor Spinnenbeinen steht aber in keinem Verhältnis zu ihrer biologischen Bedeutung. Sie sind ein wichtiges Universalwerkzeug, denn sie dienen nicht nur zur Fortbewegung, sondern werden auch beim Beutefang (u.a. als Fangkorb) eingesetzt, helfen mit bei der Herstellung spezieller Fangfäden und übermitteln Nachrichten bei der Balz. Darüber hinaus tasten, hören, riechen und schmecken Spinnen mit Sinnesorganen auf den Beinen.

2.1. Ein Bein mit sieben Gliedern

Jedes Laufbein besteht aus sieben Gliedern (Abb. 3), die durch Gelenke miteinander verbunden sind. Zwei Gelenke (zwischen Coxa und Trochanter, Tibia und Patella) sind einem Kugelgelenk vergleichbar. Alle übrigen Gelenke sind Scharniergelenke, die nur eine Bewegung in einer Ebene erlauben, wie das Ellenbogengelenk beim Menschen.

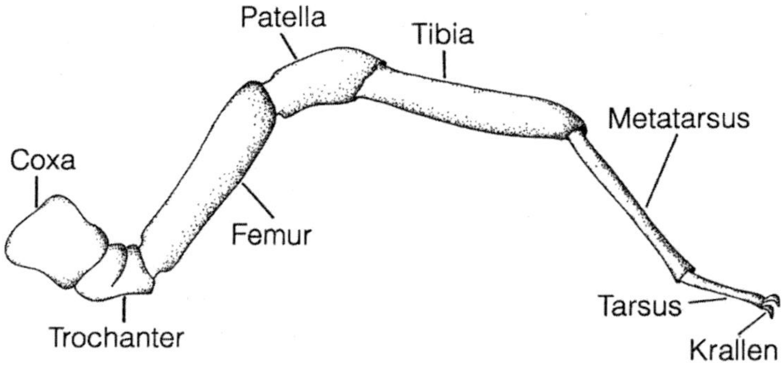

Abb. 3: **Gliederung eines Laufbeines.**

Hydraulische Bewegung

Die Bewegung der meisten Beinglieder erfolgt durch Beuge- und Streckmuskeln. Zwei Gelenke jedoch (zwischen Femur und Patella, Tibia und Metatarsus) besitzen nur Beugemuskeln. Die Frage, wie diese Gelenke gestreckt werden, hat die Spinnenkundler (Arachnologen) lange Zeit beschäftigt. Erst vor rund 30 Jahren konnte nachgewiesen werden, dass die Streckung dieser Gelenke durch einen hydraulischen Mechanismus bewirkt wird. Mit einer »Druckpumpe« wird Körperflüssigkeit in die Beine gepresst, wodurch der Innendruck größer wird und die Beinglieder sich strecken.

2.2. Laufen - 2, 4, 1, 3 MARSCH!

Diagonalrhythmus

Spinnen bewegen sich in einer bestimmten Schrittfolge. Sie heben immer vier Beine gleichzeitig an, nämlich je zwei pro Körperseite. Wenn auf einer Seite erstes und drittes Bein angehoben werden, haben zweites und viertes Bodenkontakt. Auf der anderen Körperseite sind gleichzeitig die diagonal gegenüberliegenden Beine aktiv. Eine Schrittfolge lässt sich schematisch so ausdrücken: Während die Beine 2 und 4 rechts sowie 1 und 3 links gehoben werden, haben die Beine 1 und 3 rechts und 2 und 4 links Bodenkontakt, also 2, 4, 1, 3 MARSCH!

Zug und Schub

Bei vielen Spinnen sind das erste und zweite Beinpaar nach vorn, das dritte und vierte nach hinten gerichtet. Diese Beinhaltung lässt sich an ruhenden Spinnen leicht beobachten. Bei der Fortbewegung ziehen also die vorderen Beine, während die hinteren schieben.

Geschwindigkeit ist keine Hexerei

Die Winkelspinne *Eratigena* läuft mit einer mittleren Geschwindigkeit von 32,8 cm/s (= 1,2 km/h) über ihr Fanggewebe. Beim langsamen **Gehen** (6-7 cm/s) macht sie Schritte von ca. 1 cm Länge, beim schnellen Laufen verdoppelt sie diese Schrittlänge. Männchen der **Hauswinkelspinne** *Eratigena atrica* können in 10 Sekunden eine Strecke zurücklegen, die etwa das 330fache ihrer Körperlänge beträgt.

Spinnen können zwar beachtliche **Sprints** entwickeln, sind aber meist nach kurzen Strecken völlig erschöpft, weil in den Muskelzellen nur relativ wenige Mitochondrien vorhanden sind. Mitochondrien sind die eigentlichen Kraftwerke der Zellen, welche aus in der Nahrung enthaltenem Zucker Energie freisetzen. Da nur wenige Mitochondrien in den Muskelzellen der Spinnen vorhanden sind, ist deren Energievorrat schnell verbraucht. Die Spinne muss sich ausruhen.

2.3. Immer auf dem Sprung

Kleine Höhenunterschiede oder Zwischenräume werden von Spinnen durch Sprünge überwunden.

Besonders weite Sprünge machen **Springspinnen** (Name!, Kap. 3.6., 8.2.). Sie schleichen Beute an und springen auf sie auf. Ihre Sprungweite beträgt normalerweise nur einige Zentimeter. Fluchtsprünge können aber sehr weit sein, bis zur 25fachen Körperlänge. Der Absprung erfolgt durch die hydraulische Streckung des dritten und vierten Beinpaares.

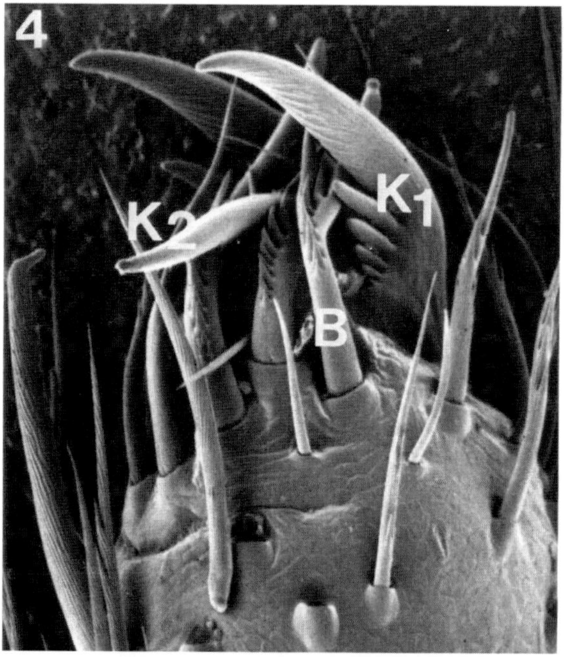

Abb. 4: **Fußende** der Gartenkreuzspinne *Araneus diadematus*. (K1: große Klaue, K2: kleine Klaue, B: Borste).

Abb. 5: **Scopulahaare** auf der Fußunterseite der Zebraspringspinne *Salticus scenicus*.

2.4. Mit sicherem Griff am seidenen Faden

Viele Spinnen (z. B. die Gartenkreuzspinne) tragen an der Tarsusspitze zwei große gezähnte **Klauen** sowie eine kleine stark gebogene Klaue zwischen den beiden großen. Daneben stehen mehrere gezähnte **Borstenhaare**. Diese elastischen **Borsten** und die kleine Klaue spielen bei der Fortbewegung am Faden eine wichtige Rolle (Abb. 4).

Beim Ergreifen des Fadens drückt die kleine Mittelklaue den Faden gegen die gezähnten Borsten. Der Faden ist eingeklemmt. Beim Loslassen zieht ein Muskel die Klaue zurück, der Faden schnellt aus seinem Widerlager.

2.5. An der glatten Wand hoch

Viele jagende Laufspinnen besitzen direkt unter den Klauen ein dichtes Haarbüschel - die Scopulahaare (Abb. 5). Ihnen fehlt die kleine dritte Klaue. Bei manchen Spinnen ist die ganze Tarsusunterseite mit solchen Haaren bedeckt, bei anderen nur die Beinspitze.

Alle Spinnen mit ausgeprägter **Scopula** können an glatten, senkrechten Wänden, sogar an überhängenden Glasplatten, mühelos herumlaufen. Diese Fähigkeit liegt in der Feinstruktur der Scopulahaare begründet.

160 000 Haftpunkte

Jedes einzelne Scopulahaar kann in bis zu 1000 feinste Fortsätze aufgegliedert sein, die in kleinen Endfüßchen auslaufen (Abb. 5). Diese stellen den Kontakt zum Untergrund her. Eine Spinne mit 30 Scopulahaaren pro Fuß kann mit allen acht Beinen zusammen über 160000 Kontaktpunkte zum Untergrund herstellen. Die Haftwirkung beruht auf Anziehungskräften (Adhäsion) zwischen Endfüßchen und Untergrund. Eine drei Gramm schwere Spinne, die an einer Glasplatte hängt, könnte bei maximalem Kontakt zur Unterlage ein Gewicht von 70 Gramm tragen.

Neue Lebensräume

Mithilfe von Scopulahaaren können sich Spinnen auf glatten, überhängenden Blättern sicher bewegen. Dadurch waren sie im Laufe der Evolution in der Lage, neue Lebensräume zu erschließen.

2.6. Spinnwerkzeug und Leimschleuder

Spinnen, die eine Spinnplatte (Cribellum, Kap. 7.1., Abb. 19) besitzen, tragen auf der Oberseite des Metatarsus des vierten Beines einen **Borstenkamm**, das Calamistrum (lat., Brenneisen zum Kräuseln der Haare) (Abb. 6). Mit diesem werden sehr feine, aus dem Cribellum austretende Fäden auf ein Paar Wegfäden aufgebürstet. Dadurch entsteht die Fangwolle der **cribellaten Spinnen** (vgl. Kap. 7.2.).

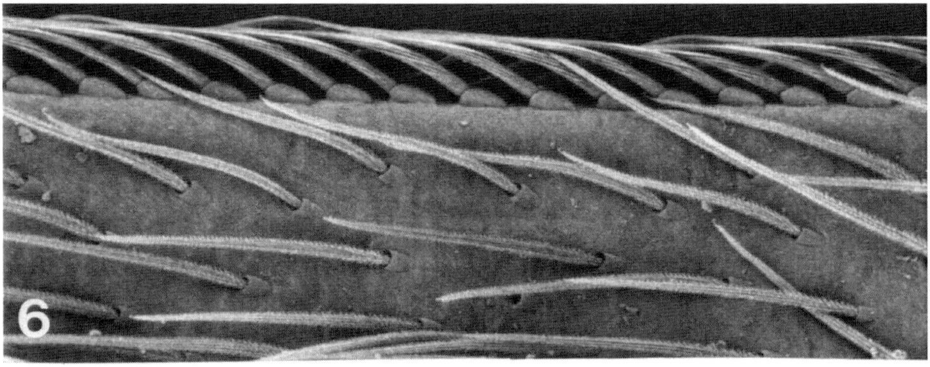

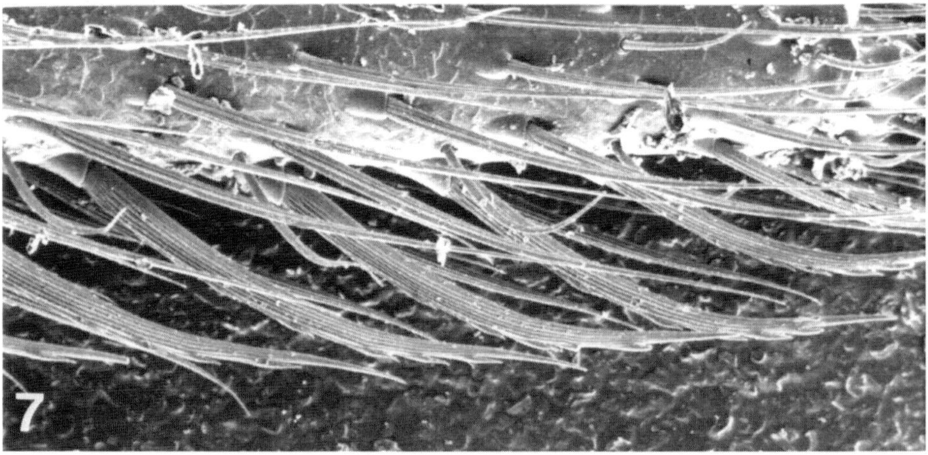

Abb. 6: **Borstenkamm** (Calamistrum) auf der Metatarsusoberseite des 4. Beines von *Titanoeca quadriguttata.*

Abb. 7: **Borstenreihe** auf der Tarsusunterseite des 4. Beines der Fettspinne *Steatoda bipunctata.*

Die **Haubennetzspinnen** (Familie Theridiidae) besitzen auf der Fußunterseite des vierten Laufbeines eine Reihe langer gesägter Borsten (Abb. 7). Mit Hilfe dieser **Borstenreihe** bewerfen sie Beutetiere, die sich in ihrem Fanggewebe verfangen haben, mit Klebefäden. Dank dieser Leimschleuder sind sie in der Lage, Beutetiere zu überwältigen, die ein Vielfaches ihrer Körpergröße erreichen (z. B. *Theridion sysiphium*, Kap. 5.4.).

2.7. Der Spinne neues Kleid

Der Vorderkörper der Spinnen wird von einem festen **Chitinpanzer** umschlossen, an dem die Muskeln ansetzen. Der Hinterkörper ist dagegen nur von einer dünnen Chitinhülle umgeben, weshalb er sich nach Aufnahme von großen Nahrungsmengen und bei Reifung der Eier stark dehnen kann.

Das Chitin verringert den Wasserverlust und bietet guten Schutz vor mechanischen Einwirkungen. Ein großer Nachteil der festen Chitinhülle ist jedoch, dass sie Wachstum nur in begrenztem Maße zulässt. Deshalb muss sich jede Spinne beim Wachstum von Zeit zu Zeit häuten. Hierbei wird der alte, zu klein gewordene Panzer durch einen neuen, größeren ersetzt.

Bei der hormonell gesteuerten **Häutung** wird zunächst die innerste Schicht des alten Panzers enzymatisch aufgelöst. Sodann wird in dem entstandenen Hohlraum die neue, größere Hülle gebildet, die noch gefaltet unter der alten liegt. Entlang von »Sollbruchstellen« platzt der alte Panzer auf, die Spinne »steigt« wie ein Ritter aus der Rüstung. Am schwierigsten ist das Herausziehen der Beine aus der alten Haut. Hierzu sind die vielen kräftigen Stacheln auf den Beinen wichtig, die oft mit bloßem Auge zu erkennen sind (Abb. 9). Sie werden beim Herausziehen abgespreizt und drücken gegen die alte Haut, dadurch wird ein Zurückrutschen verhindert. Die Häutung ist für die Spinne besonders gefährlich, weil sie in dieser Zeit vollkommen wehrlos ist.

2.8. Winke - winke

Für eine Spinne ist es wichtig, sich gegenüber anderen Spinnen als Artgenosse oder fortpflanzungsbereiter Geschlechtspartner auszuweisen. Auch dabei spielen die Beine eine wichtige Rolle.

Während der **Balz** trommeln Spinnenmännchen mit ihren Beinen auf dem Untergrund, zupfen am Netz oder winken mit ihnen. An den entstandenen Schwingungen und optischen Signalen werden sie von den Weibchen als Geschlechtspartner erkannt und nicht mit Beute verwechselt.

3. Im Reich der S(p)inne

Tasten, Hören, Riechen, Schmecken - alles mit den Beinen!

Die wichtigsten Sinnesorgane der Spinnen sprechen auf mechanische Reize an: Berührungen, Luftschwingungen, Erschütterungen des Untergrundes. Spinnen können also tasten und hören. Weiterhin besitzen sie Sinnesorgane, die auf chemische Substanzen reagieren. Ähnlich wie der Mensch können Spinnen Geruch und Geschmack wahrnehmen. All diese Sinneswahrnehmungen stehen meist in Verbindung mit Haarbildungen auf den Beinen (Abb. 8). Somit sind die Beine auch Sitz der wichtigsten Sinnesorgane.

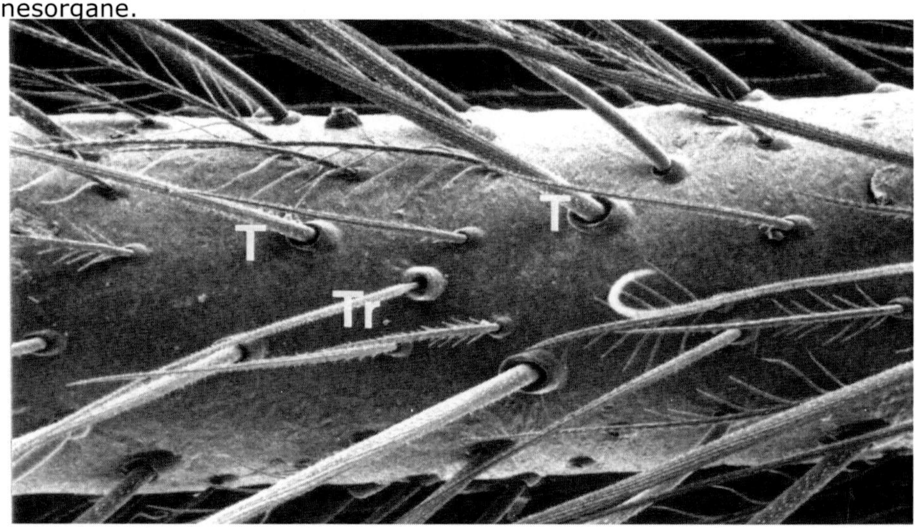

Abb. 8: Ausschnitt aus einem behaarten **Spinnenbein** (Tarsus, 1. Laufbein) der Hauswinkelspinne Eratigena atrica (T: Tasthaar, Tr: Trichobothrium).

3.1. Tasten

Die meisten Haare am Spinnenkörper sind mit Nervenzellen verbunden und dienen als **Tasthaare** (Abb. 8, T). Jedes einzelne Haar besteht aus einem langen Haarschaft, der beweglich in der chitinisierten Körperhülle eingelenkt ist. Sein Sockel ist mit drei Nervenzellen verbunden. Nur bei einer Auslenkung aus der Ruhestellung senden die Nervenzellen Impulse aus.

3.2. Hören

Auf Luftschwingungen reagieren Haare, die in einem becherförmigen Sockel eingelenkt sind. Sie werden deshalb **Becherhaare** oder Trichobothrien genannt und sind auffallend lang und dünn (Abb. 8, Tr). Sie stehen oft in charakteristischen Reihen auf verschiedenen Beinabschnitten.

Jedes Becherhaar ist in einer sehr dünnen Membran eingehängt, deren Dicke nur 0,0005 mm beträgt. So reicht der geringste Luftzug schon aus, um sie in Schwingungen zu versetzen. Dabei senden die vier Nervenzellen an der Basis Nervenimpulse aus. Da drei Nervenzellen nur auf eine Haarauslenkung in jeweils eine bestimmte Richtung reagieren, kann die Spinne die Reizrichtung erkennen.

Natürliche Reize für die Auslenkung der Trichobothrien sind Luftströmungen und niederfrequente Luftschwingungen (Schall). Die Schwingungen, die ein Insekt beim Fliegen erzeugt, reichen aus, um eine gezielte Fangreaktion auszulösen. Da Becherhaare ohne direkten Kontakt funktionieren, werden sie auch als »**Ferntastsinnesorgane**« bezeichnet.

3.3. Good vibrations oder der Seismograf am Fußgelenk

Übermittler von Sinnesreizen, die durch Untergrundschwingungen, Eigenbewegungen oder durch die Schwerkraft hervorgerufen werden, sind die **Spaltsinnesorgane**. Sie sind über die ganze Körperoberfläche verteilt, kommen jedoch auf den Beinen konzentriert vor.

Bei einer Kammspinne wurden 86 % der über 3000 Sinnesspalten auf den Beinen gefunden. Die Spaltsinnesorgane treten entweder einzeln oder in Gruppen auf. Solche Gruppen werden als **lyraförmige Organe** (Abb. 9) bezeichnet. Sie kommen ausschließlich auf den Beinen nahe bei Gelenken vor.

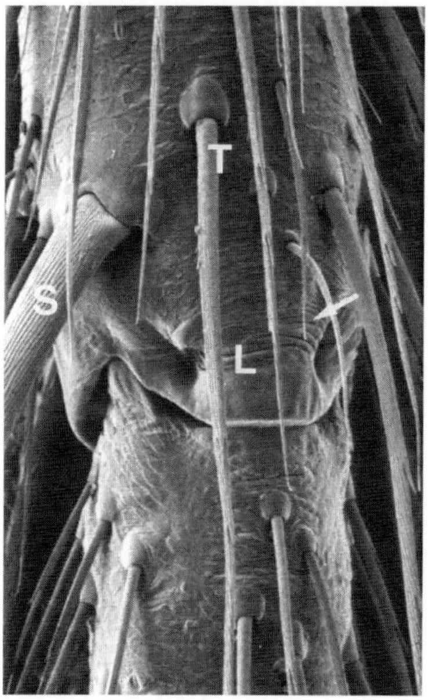

Abb. 9: **Lyraförmiges Organ** (L) am Gelenk zwischen Metatarsus (oben) und Tarsus (unten) der Gartenkreuzspinne *Araneus diadematus* (S: Stachel, T: Tasthaar).

Ein Spaltsinnesorgan besteht aus einem schmalen Schlitz von 0,001-0,002 mm Breite und 0,008-0,2 mm Länge. Der Grund dieser Spalte wird von einer dünnen Membran gebildet, die mit Nervenzellen verbunden ist. Wird bei einer Verengung der Spalten diese Membran verformt, werden Nervenimpulse erzeugt.

Fischfang mit dem Seismografen

Die beiden heimischen Arten der Gattung ***Dolomedes*** (*Dolomedes fimbriatus* und *Dolomedes plantarius*) leben an Ufern von Gewässern. Beim Beutefang halten sie sich mit den Hinterbeinen an Gegenständen am Ufer fest und legen die Vorderbeine flach auf die Wasseroberfläche auf (Abb. 10). Die dort liegenden lyraförmigen Organe übermitteln Schwingungen der Wasseroberfläche. Dolomedes kann so unterscheiden, ob die Oberflächenschwingungen von Wellen oder von einem Beutetier hervorgerufen werden, welches auf der Wasseroberfläche läuft oder im Wasser schwimmt. Melden die lyraförmigen Organe beispielsweise das Nahen eines kleinen Fisches, packt Dolomedes zielsicher zu.

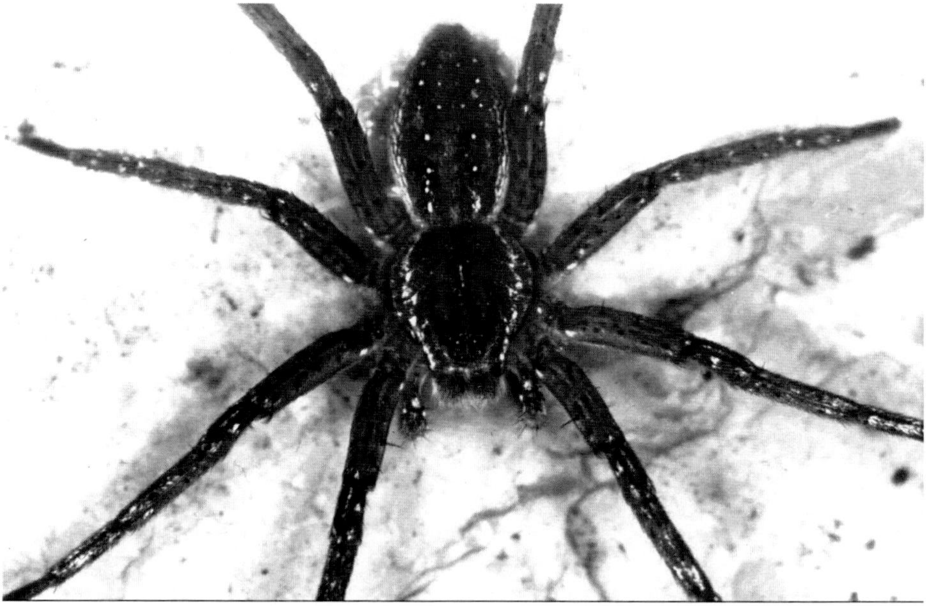

Abb. 10: ***Dolomedes plantarius* lauert am Ufer auf Beute.**

Tasthaare, Trichobothrien und vor allem Spaltsinnesorgane sind für alle Situationen im Leben der Spinnen von zentraler Bedeutung: beim Beutefang, beim Erkennen der fortpflanzungsbereiten Geschlechtspartner und bei der Orientierung in Netz und Raum. Die Reizwahrnehmung durch die mechanischen Sinnesorgane spielt im Leben der Spinnen eine Rolle, die der Bedeutung des optischen Sinnes beim Menschen vergleichbar ist. Die Spinne lebt in einer Welt voller Schwingungen, die sich der Mensch nur schwer vorstellen kann.

3.4. Riechen

Bei der Geruchswahrnehmung liegen die wirksamen Stoffe gasförmig vor und können deshalb über größere Entfernungen wirken. Die Sinnesorgane, welche bei Spinnen auf gasförmige Substanzen ansprechen, sind kleine napfförmige Einstülpungen, die auf der Oberseite der Tarsen (Füße) liegen. Wegen ihrer Lage werden sie als **Tarsalorgane** bezeichnet (Abb. 11).

Mehrere Nervenzellen enden im Grubengrund, wo sie durch kleine Poren direkt mit der Außenwelt in Verbindung stehen. Der Geruchssinn spielt vor allem beim **Auffinden des Geschlechtspartners** eine Rolle. Männchen von Radnetzspinnen (z. B. Gartenkreuzspinne) werden durch den »Duft« der Weibchen angelockt.

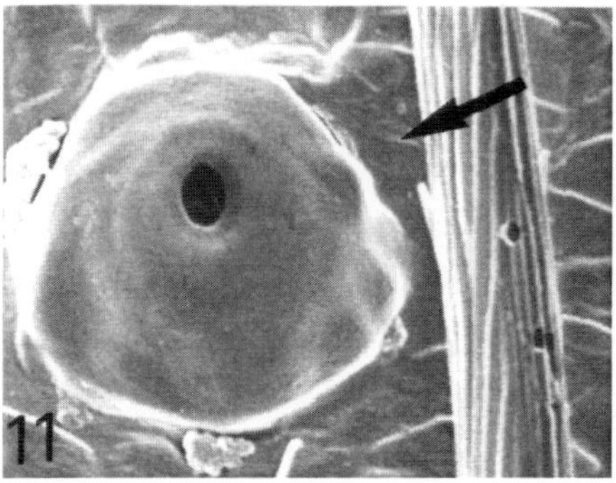

Abb. 11 (links): **Tarsalorgan** auf der Tarsusoberseite bei der Gartenkreuzspinne *Araneus diadematus*

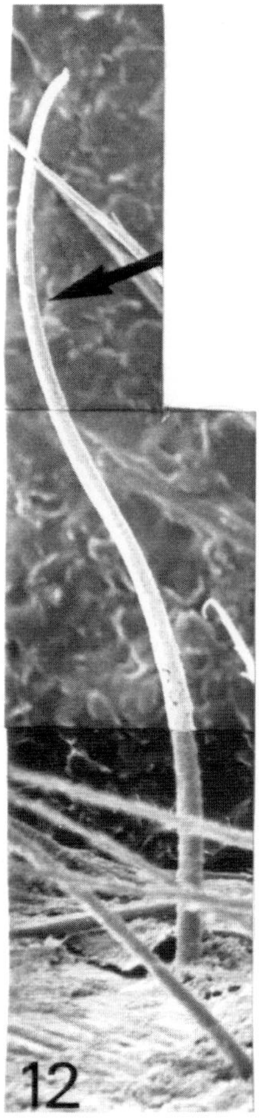

Abb. 12: **Geschmackshaar** auf dem Taster der Zitterspinne *Pholcus phalangioides.*

3.5. Schmecken

Beim Schmecken werden die wirksamen Stoffe durch direkten Kontakt wahrgenommen, deshalb nennt man diese Sinnesorgane **Kontaktchemorezeptoren**. Sie befinden sich ebenfalls auf den Beinen und Tastern und ähneln Tasthaaren, unterscheiden sich aber von diesen durch einen steileren Anstellwinkel zur Beinoberfläche und einen S-förmig geschwungenen Haarschaft (Abb. 12).

An der Spitze solcher **Geschmackshaare** befindet sich eine porenförmige Öffnung, welche mit 21 Sinneszellen verbunden ist. Mit den Geschmackshaaren prüfen Spinnen die chemische Beschaffenheit von Gegenständen beim Betasten. So nehmen sie beispielsweise frisch getötete Fliegen nach kurzem Kontakt an, von alten toten Fliegen wenden sie sich rasch ab. Bestimmte Insekten werden nach kurzer Berührung verschmäht.

Außer zum Prüfen, ob Beutetiere »gut schmecken«, spielen die Kontaktchemorezeptoren auch bei der Balz eine große Rolle. Spinnenmännchen folgen den Wegfäden der Weibchen und beginnen mit dem Balzverhalten, sobald sie ein weibliches Gewebe berühren.

3.6. »Ich schau dir in die Augen, Kleines!« - »In welche, Liebling?«

Spinnen haben acht Augen

Nach ihrem Bau lassen sich zwei verschiedene Augentypen unterscheiden: **Mittelaugen** und **Seitenaugen**. Ursprünglich sind ein Paar Mittelaugen und drei Paar Seitenaugen, also acht Augen vorhanden.

Bei einigen Spinnengruppen fehlen die Mittelaugen, sie besitzen nur sechs Augen (z. B. *Dysdera erythrina*, Kap. 6.1.). Einige Höhlenspinnen haben überhaupt keine Augen mehr.

Stellung und Anzahl der Augen ist für viele Spinnengruppen typisch und daher ein wichtiges Merkmal zur Bestimmung.

Linsenauge

Das Spinnenauge besteht aus einer Linse, einem darunterliegenden Glaskörper und der Netzhaut mit den lichtempfindlichen Sehzellen.

Bei den Mittelaugen sind die lichtempfindlichen Fortsätze der Sehzellen direkt dem Licht zugewandt (**everse Augen**). Die Netzhaut kann durch Muskeln verschoben werden, die Spinnen können fokussieren.

Bei den Seitenaugen sind die lichtempfindlichen Fortsätze der Sehzellen vom Licht abgewandt **(inverse Augen**). Dieses Bauprinzip ist auch beim menschlichen Auge verwirklicht.

Für die meisten Spinnen spielt der optische Sinn nur eine untergeordnete Rolle. Viele Spinnen sind nachtaktiv und daher auf taktile und chemische Reize angewiesen. Am besten entwickelt ist der optische Sinn bei den Springspinnen, wo er bei Beutefang und Balz (s. Abb. oben) eine wichtige Rolle spielt.

Tele und Weitwinkel immer dabei

Bei den **Springspinnen** fallen die Mittelaugen durch ihre Größe auf. Die anderen Augen sind deutlich kleiner. Die Linsen der Mittelaugen besitzen eine große Brennweite - sie sind einem Teleobjektiv vergleichbar und projizieren ein scharfes Bild auf die Netzhaut. Ihr Gesichtsfeld ist allerdings sehr klein. Demgegenüber haben die Seitenaugen einen großen Öffnungswinkel und wirken wie ein Weitwinkelobjektiv. Mit ihnen können nur Bewegungen erkannt werden.

Katzengleiche Jäger

Die Springspinnen sind Jäger, die ihre Beutetiere wie Katzen anschleichen. Die **Zebraspringspinne *Salticus scenicus*** (Kap 8.2) ist häufig und weitverbreitet und kann oft an Fenstern und Wänden von Häusern bei der Jagd beobachtet werden. Nimmt sie mit den Seitenaugen in ca. 20-40 cm Entfernung eine Bewegung wahr, dreht sie sich solange, bis das Objekt in das Gesichtsfeld der großen Mittelaugen fällt. Beim Anschleichen fixiert sie das Beutetier mit den Mittelaugen. Ab etwa 8-10 cm Entfernung ist ein echtes Formensehen möglich. Jetzt erkennt sie, ob es sich um ein Beutetier oder einen Geschlechtspartner handelt. Ist es ein Beutetier, schleicht sich die Springspinne bis auf wenige Zentimeter heran, springt auf, umklammert es mit den Beinen und beißt zu.

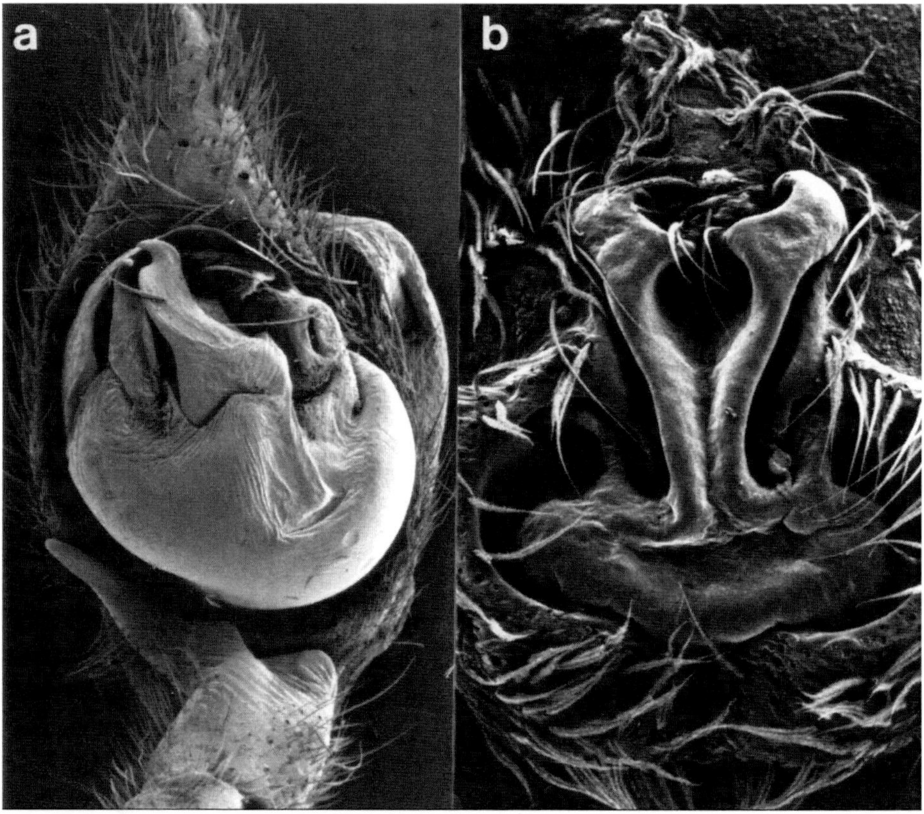

Abb. 13 a: **Männliches Kopulationsorgan** (Bulbus genitalis) und b: **Epigyne** der Brautgeschenkspinne *Pisaura mirabilis.*

4. Die Liebe der Spinnen

Alle Spinnen sind getrenntgeschlechtlich. Die **Geschlechtsöffnung** befindet sich bei Männchen und Weibchen an der Unterseite des Hinterleibes (Abb. 1). Durch ihre Lage - etwa in der Körpermitte - kann das Sperma nicht direkt von der männlichen in die weibliche Geschlechtsöffnung überführt werden. Zu diesem Zweck sind bei den Männchen die Endglieder der Taster zu Kopulationsorganen umgebildet.

4.1. Schlüssel und Schloss

Der Schlüssel

Der fortpflanzungsbereite Spinnenmann spinnt zunächst ein kleines Gewebe, auf welches er Sperma abgibt. Mit seinem Kopulationsorgan am Taster, das im Prinzip wie eine Spritze funktioniert, saugt er anschließend die Samenflüssigkeit auf.

Der **Bulbus genitalis** - so wird dieses Organ genannt - besteht aus weichen häutigen und harten sklerotisierten Bereichen. Dadurch erhält er eine artspezifische Gestalt (Abb. 13a) und passt wie ein Schlüssel nur in ein bestimmtes Schloss (= weibliche Geschlechtsöffnung). Auf diese Weise wird im Allgemeinen - neben anderen, vorher wirkenden Faktoren (z. B. Balz) - die Kopulation verschiedener Arten verhindert.

Das Schloss

Bei vielen Spinnenweibchen ist der Geschlechtsöffnung eine sklerotisierte Platte, die **Epigyne**, vorgelagert (Abb. 13b). Ihre räumliche Struktur mit Erhebungen und Vertiefungen ist genau der Struktur des Bulbus angepasst.

Bei der **Kopulation** wird der Bulbus an der Epigyne angekoppelt. Die Spitze des Kopulationsorgans wird in die Öffnung der **Samentaschen** eingeführt, in welche die Samenflüssigkeit abgegeben wird. Hier wird sie bis zur Eiablage aufbewahrt, erst dann kommt es zur Befruchtung der Eier.

4.2. Das Brautgeschenk

Bei vielen Spinnen geht der Kopulation eine **Balz** voraus, die vor allem für den Spinnenmann von Bedeutung ist. Um nicht mit Beute verwechselt zu werden, muss er sich dem Weibchen als Geschlechtspartner zu erkennen geben: Er tanzt, winkt mit den Tastern oder trommelt. Bei netzbauenden Arten zupft er in typischer Weise am Gewebe. Das Männchen der **Brautgeschenkspinne *Pisaura mirabilis*** bringt sogar ein Brautgeschenk mit.

Das Brautgeschenk wird verpackt

Der fortpflanzungsbereite *Pisaura*-Mann fängt ein Beutetier und umspinnt es (Abb. 14a-d). Nach dem Einspinnen nimmt er es mit den Cheliceren auf und macht sich auf die Suche nach einem Weibchen.

Werben

Kommt er in die Nähe eines Weibchens, ‚beginnt er die Beine aneinander zureiben (Abb. 14e). Die Schwingungen, die dabei entstehen, signalisieren der Pisaura-Frau: Hier ist ein fortpflanzungsbereiter Pisaura-Mann.

Anbieten des Geschenkes

Nun bietet er ihr das Brautgeschenk an. Dazu nimmt er eine ganz bestimmte Haltung ein (Abb. 14f).

Trautes Tête-à-tête

Daraufhin tastet sie sich an das Männchen heran und ergreift das Brautgeschenk mit ihren Cheliceren (Abb. 14g). Kurze Zeit halten beide das Brautgeschenk mit den Cheliceren fest.

Die geprellte Braut

Er lässt nun das Brautgeschenk los. Während sie daran frisst, koppelt er seinen Bulbus genitalis an ihrer Epigyne an, führt die Spitze ein, und gibt sein Sperma ab (Abb. 14h-j). Nach der Kopulation trennen sich beide. Das Brautgeschenk verbleibt meist bei ihr. Sie frisst es bis auf unverdauliche Reste auf. Manchmal nimmt er es wieder mit, um mit dem gleichen Brautgeschenk erneut sein Glück zu versuchen. Oft jedoch erobern Weibchen Brautgeschenke, ohne eine Paarung zuzulassen. Dann ist er der Geprellte. Er kann dieses Brautgeschenk bis zu neun Tage mit sich herumtragen.

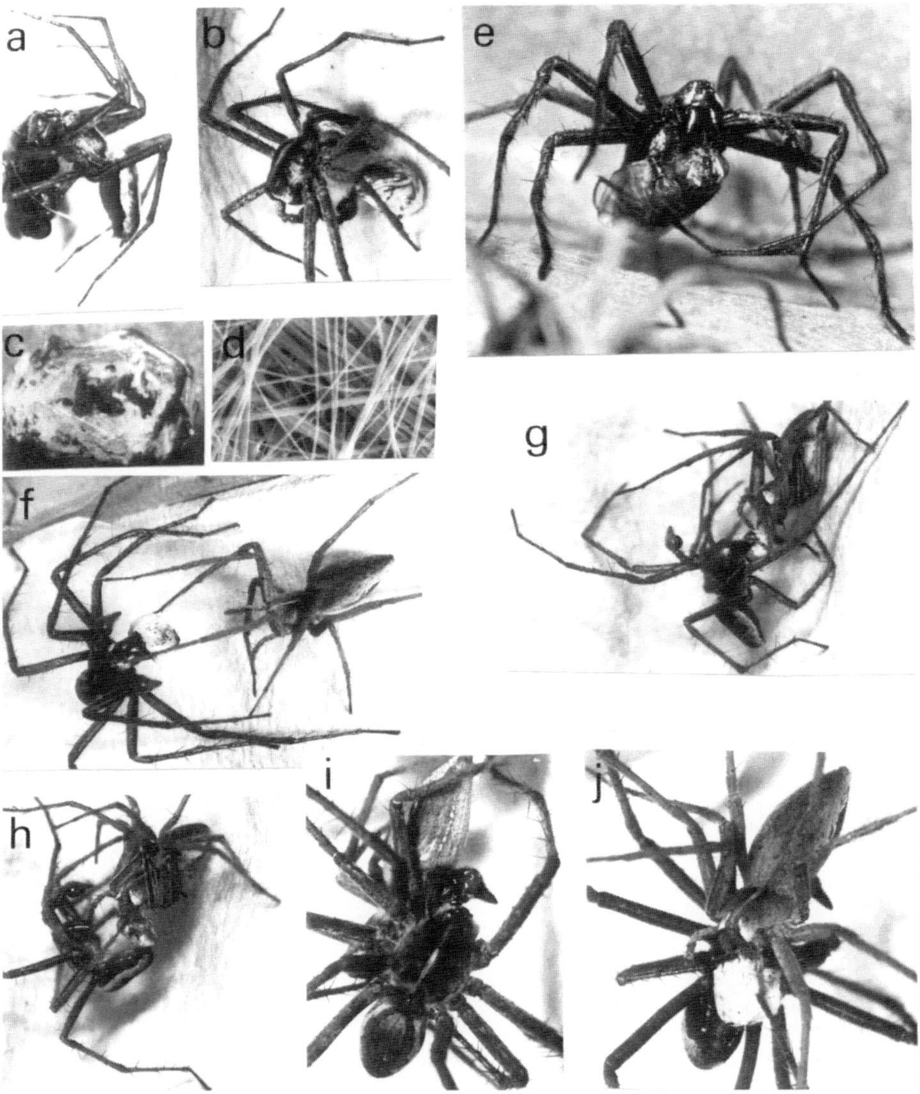

Abb. 14: **Das Brautgeschenk der Brautgeschenkspinne *Pisaura mirabilis*.** a-b: Männchen umspinnt Fliege zu Brautgeschenk, c: Brautgeschenk, d: Brautgeschenkoberfläche, e: Beinereiben des Männchens in Weibchennähe, f-g: Weibchen tastet heran und ergreift das Brautgeschenk. h-j: Männchen koppelt sein Begattungsorgan an Epigyne an und übergibt Sperma. (Fotos: Dr. Rainar Nitzsche)

5. Spinnenmütter

Spinnenweibchen legen ihre Eier nicht einfach irgendwo ab, sondern umhüllen sie - mehr oder weniger aufwendig - mit Spinnseide (Kap. 7.3.): Sie stellen einen **Kokon** her.

Kokons sind sehr vielgestaltig. Viele Spinnenmütter kümmern sich nicht mehr um ihre abgelegten Kokons. Deren Größe richtet sich deshalb nicht nur nach Eigröße und -zahl, sondern berücksichtigt auch die Bewegungsfreiheit der heranwachsenden Jungen. In sehr derbe Kokons werden Ausstiegsluken eingebaut, durch welche der Nachwuchs ins Freie gelangt.

Andere Spinnen halten sich dagegen stets in der Nähe ihrer Kokons auf und weiten sie beim Schlüpfen der Jungen auf, weil diese sich zur weiteren Entwicklung noch einige Zeit im Kokon aufhalten. Später öffnen sie ihn, damit die kleinen Spinnen heraussteigen können und leisten auf diese Weise »**Geburtshilfe**«.

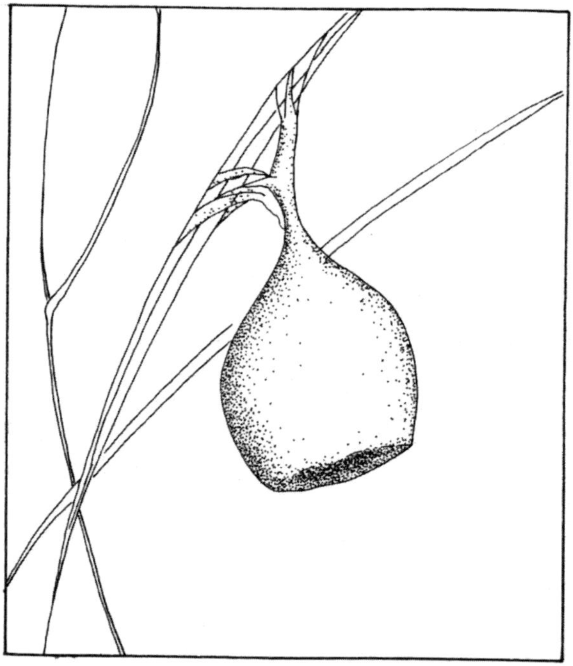

Abb. 15: **Kokon der Feenlämpchenspinne *Agroeca brunnea*.**

5.1. Feenlämpchen

Viele Spinnen legen ihren Kokon am Boden ab, andere hängen ihn in der Vegetation an Blättern oder Stängeln auf. Derartig platzierte Kokons werden zur Tarnung von den Müttern oft mit Erdpartikeln oder anderen Stoffen aus der Umgebung getarnt (vgl. *Eratigena atrica,* Kap. 8.1.).

Die Sackspinne *Agroeca brunnea* stellt einen Kokon her, der wie ein umgedrehtes Weinglas aussieht und an Pflanzenstängeln befestigt ist (Abb. 15). Im Volksmund heißen diese Kokons »Feenlämpchen«, die Spinne wird deshalb auch **Feenlämpchenspinne** genannt.

5.2. Auf dem Rücken der Mutter

Einige Spinnen legen ihre Kokons nicht ab, sondern tragen sie mit den Mundwerkzeugen herum. Ein Beispiel dafür ist die Brautgeschenkspinne Pisaura mirabilis (Kap. 4.2.). Die Zitterspinne (Kap. 8.3.), welche bei uns in Häusern vorkommt, macht es ebenso.

Wolfspinnen dagegen tragen ihre Kokons an den Spinnwarzen angeheftet. Diese Trageweise ist für sie typisch. Nachdem die Jungspinnen aus dem Kokon geschlüpft sind, klettern sie der Mutter auf den Rücken und lassen sich von ihr einige Tage herumtragen.

5.3. Nahrungsfürsorge

Coelotes terrestris ist eine sehr häufige Art am Boden von Wäldern und Hecken. Hier baut sie meist im Moos ihr typisch trichterförmiges Gewebe. Die Jungen bleiben nach dem Verlassen des Kokons im Gewebe der Mutter und werden von ihr gefüttert. Die Kleinen betteln sie regelrecht um Nahrung an. Hat eine Coelotes-Mutter ein kleines Beutetier gefangen und eingespeichelt, bestreichen die durch Duftstoffe angelockten Jungspinnen mit ihren Vorderbeinen und Tastern den Vorderkörper der Mutter. Daraufhin lässt sie die Beute auf das Gewebe fallen, eine Jungspinne schnappt den Bissen und bringt sich schnell in Sicherheit, um ihn in Ruhe zu verspeisen. Bei größerer Beute fressen mehrere Jungspinnen gleichzeitig, dabei beantworten sie jeden Krabbelreiz in ihrer Umgebung mit heftigem Abwehrstrampeln. Die Spinnenmutter erkennt ihren Nachwuchs an einer Reihe von Verhaltensweisen und kontrolliert die Jungen, wenn sie sich nicht sicher ist. Andere Tiere in Jungengröße werden von ihr getötet, weil sie sich nicht »ausweisen« können. Durch den Aufenthalt im Gewebe der Mutter gelangen die Jungen an Beutetiere, die sie selbst nicht überwältigen können. Eine derartige Nahrungsfürsorge ist dann sinnvoll, wenn eine Spinnenart Lebensräume besiedelt, in denen es an entsprechender Beute für die Jungtiere mangelt. Das scheint bei Coelotes terrestris der Fall zu sein. In einer Hecke bestand der Speiseplan hauptsächlich aus Käfern (64 %), Fliegen (17 %) und Ohrwürmern (8 %).

5.4. Mund-zu-Mund-Fütterung

Die Haubennetzspinne ***Phylloneta sisyphia*** ist im Frühsommer leicht an Gebüsch und Stauden entlang von Wegen zu beobachten. Dank ihrer »Leimschleuder« (Kap. 2.6.) ist sie in der Lage Beutetiere zu überwältigen, die ihre Körpergröße oft um ein Vielfaches übertreffen, beispielsweise Honigbienen.

Das Weibchen hängt den Kokon in ihrem Gewebe auf. Nach dem Schlüpfen der Jungen zeigt die Mutter ein hochentwickeltes Brutfürsorgeverhalten: Sie erbricht von ihr vorverdaute Nahrung und füttert damit ihren Nachwuchs. Die kleinen Spinnen kommen zu ihrer Mundöffnung und saugen das Nahrungssekret auf (Abb. 16). Nach ihrem Tod wird sie von ihren Kindern gefressen.

Nachgewiesen wurde dieses Brutfürsorgeverhalten, indem man Weibchen radioaktiv markierte Fliegen zu fressen gab. Dadurch wurden sie selbst radioaktiv. Nach Mund-zu-Mund-Fütterungen konnte man bei Jungspinnen ebenfalls Radioaktivität feststellen.

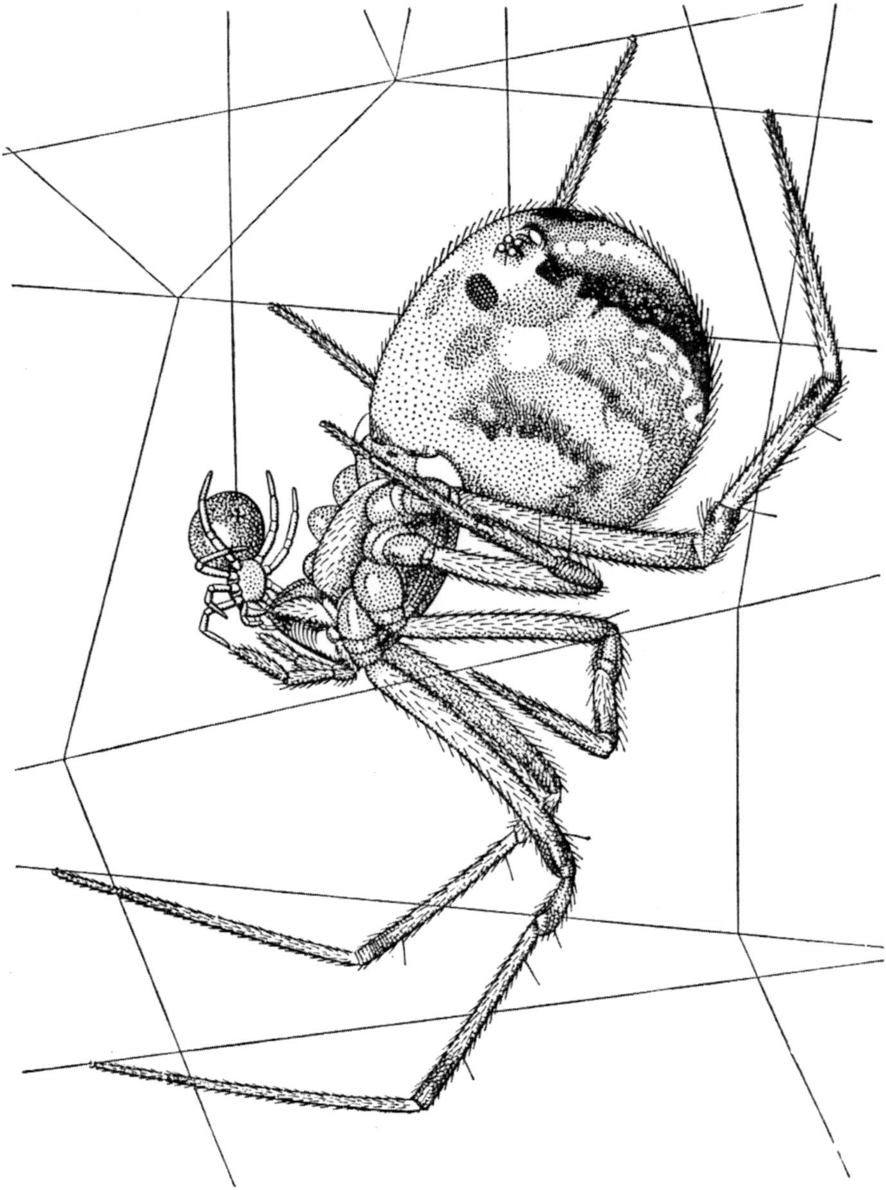

Abb. 16: **Mund-zu-Mund-Fütterung** der Haubennetzspinne *Phylloneta sisyphia*.

6. Fressen und gefressen werden

6.1. Mahlzeit

Anstelle von Messer und Gabel

Die Mundwerkzeuge der Spinnen - die beiden **Cheliceren** - bestehen jeweils aus einem Grundglied und einer beweglichen Klaue, die wie die Klinge eines Taschenmessers gegen das Grundglied eingeschlagen wird (Abb. 17). Mit den Cheliceren werden Beutetiere ergriffen, festgehalten und getötet.

Miteinander

Die Cheliceren können auf zwei verschiedene Arten am Vorderkörper eingelenkt sein. Bei den **orthognathen** Spinnen stehen die Grundglieder in Richtung der Körperlängsachse und die beweglichen Klauen schlagen parallel zueinander nach unten (Abb. 17a). Diese Chelicerenstellung ist für die große Verwandtschaftsgruppe der **Vogelspinnen** typisch (Kap. 9.26.).

Gegeneinander

Für alle übrigen Spinnen ist die **labidognathe** Chelicerenstellung typisch. Bei ihnen stehen die Cheliceren senkrecht zur Körperlängsachse nach unten. Die Klauen schlagen gegeneinander (Abb. 17b).

Ein feines Breichen

Spinnen haben eine außergewöhnliche Art der Nahrungsaufnahme. Sie **verdauen** ihre **Nahrung außerhalb** des Körpers in einem kleinen Vorraum vor der Mundöffnung. Die Spinne erbricht Verdauungssäfte in die Bisswunde oder auf die zerdrückte Beute, welche dadurch verflüssigt wird. Anschließend saugt sie den Nahrungsbrei durch die enge Mundöffnung in den Vorderdarm ein. Als Saugpumpe dient ein Teil des Vorderdarmes, an dessen Oberfläche starke Muskeln ansetzen (Abb. 2). Durch die Kontraktion dieser Muskeln erweitert sich der Vorderdarm sehr stark. Hierbei entsteht ein Sog, der den Nahrungsbrei einsaugt.

Nicht nur Fliegenfänger

Der **Speisezettel** der Spinnen besteht hauptsächlich aus Fliegen, Mücken und anderen Zweiflüglern (Diptera), doch auch andere Insektengruppen, wie Heuschrecken, Blattläuse, Käfer und Schmetterlinge werden gefangen und gefressen. Für die vielen im Waldboden lebenden Kleinspinnen bedeuten die massenhaft auftretenden Springschwänze (Collembola: kleine flügellose Insekten) die wichtigste Nahrungsquelle. Bestimmte Insektengruppen, wie Wanzen, Wespen, Raupen und Motten, werden allerdings von vielen Spinnen gemieden. Spinnen fressen sich auch gegenseitig.

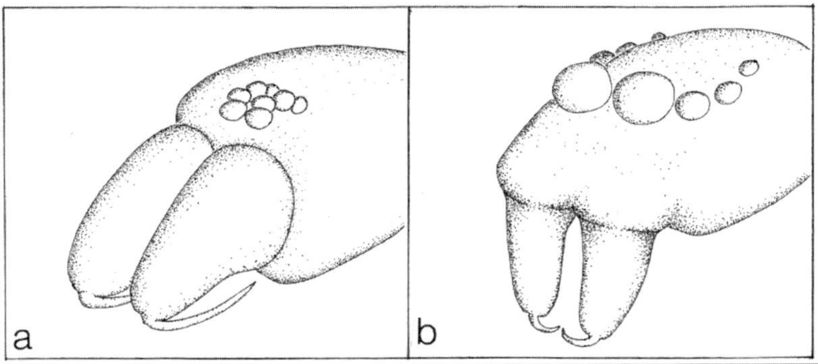

Abb. 17: **Stellung und Bewegungsweise der Cheliceren** bei orthognathen (a) und labidognathen (b) Spinnen.

Abgesehen von einigen »Feinschmeckern«, die sich auf eine bestimmte Beutetiergruppe spezialisiert haben, fressen die meisten Spinnen recht verschiedenartige Beutetiere. Sie sind unspezifische Raubtiere (**polyphage Prädatoren**), die ihrer Beute auflauern (z. B. Misumena vatia, Kap. 6.3.), sie aktiv jagen (Salticus scenicus, Kap. 8.2.) oder mit Fallen fangen (Radnetzspinnen, Kap. 7.4.).

Lieblingsgericht: Spinnen

Die drei in Mitteleuropa vorkommenden Arten der Gattung *Ero* erbeuten ausschließlich andere Spinnen.

Am häufigsten ist der **Spinnenfresser *Ero furcata***. Er sitzt tagsüber mit angezogenen Beinen an Fichtenzweigen und ähnelt einer abgestorbenen Fichtenknospe. Abends schleicht sich Ero an die Gewebe von Haubennetzspinnen, zupft daran und lockt so die Bewohnerin herbei. Anstelle des erwarteten Bräutigams oder einer vermeintlichen Beute wird die Netzinhaberin vom Spinnenfresser blitzschnell in ein Bein gebissen. Das starke Gift macht sie sofort bewegungsunfähig. *Ero* saugt nun die Haubennetzspinne in aller Ruhe aus.

Lieblingsgericht: Ameisen

Wenn der Ameisenjäger ***Zodarion germanicum*** beim Umherlaufen auf eine Ameise trifft, weicht er zunächst blitzschnell zurück. Danach schleicht er sich langsam in einem großen Bogen von hinten an die Ameise an, stürzt sich auf sie, beißt zu, weicht sofort wieder zurück und wartet, bis das Gift wirkt und die Ameise regungslos am Boden liegt. Langsam tastet er sich wieder heran und beginnt mit dem Mahl.

Lieblingsgericht: Asseln

Dysdera erythrina besitzt sehr lange Chelicerengrundglieder und kräftige, sich überkreuzende Klauen. Mit diesen Mundwerkzeugen ist sie in der Lage, Asseln zu erbeuten, da sie mit ihren langen Klauen die Assel umgreifen und in weiche, nicht sklerotisierte Bereiche des Asselpanzers beißen kann. Dysdera ist wärmeliebend, lebt an sonnigen Stellen unter Steinen und wird auch oft in Gärten und Parks gefunden.

Die Masse macht's!

Auf einem Quadratmeter einer Wiese können rund 130 Spinnen vorkommen. Das sind 1 300 000 auf einem Hektar. Die **Nahrungsmenge einer Spinne** hängt von vielen Faktoren ab (Nah-rungsangebot, Größe von Beute und Spinne, Fangtechnik). Wolfspinnen verzehren täglich rund 10 % ihres Körpergewichts, das sind ca. 3,5 mg Insekten pro Tag. Unter Einberechnung aller Spinnen und aller Faktoren wurde die Beutemenge, die pro Tag und Spinne gefressen wird, auf ein tausendstel Gramm (0,001 g) geschätzt. Das sieht wenig aus. Auf einem Hektar Wiese mit 1 300 000 Spinnen ergibt das einen Wert von rund 500 kg Insekten im Jahr. Spinnen spielen somit als **Gegenspieler der Insekten** eine wichtige Rolle im Gleichgewicht der Natur, die der Bedeutung insektenfressender Vögel gleichkommt.

6.2. Der Spinne Feind

Der gejagte Jäger

Auch Spinnen fallen anderen Tieren zum Opfer - der Jäger wird selbst gejagt. Als Spinnenfeinde haben vor allem Insekten, Amphibien und Vögel Bedeutung. Unter den Insekten haben sich einige Gattungen auf Spinnen als Beute spezialisiert: Kleine Fliegen der Gattung Oncodes (Familie Cyrtidae, **Spinnenfliegen**) leben als Larven in Spinnen oder Spinnengelegen.

Manche Spinnenfliegenlarven springen Spinnen an, dringen durch deren Gelenkhäute ein und fressen ihre Opfer von innen vollständig auf. Die übrig bleibende Spinnenhaut dient als Überwinterungsquartier. Die Larven einiger **Halmfliegen** (Gattung *Siphorella*) leben räuberisch in Spinnenkokons. Manche **Schlupfwespen** (Familie Scelionidae) legen ihre Eier an Spinnen ab. Die ausgeschlüpften Larven heften sich am Hinterkörper fest und saugen die Spinne langsam aus. Andere Schlupfwespen parasitieren in Spinnenkokons.

Wegzehrung

Alle Arten aus der Familie der **Wegwespen** (Pompilidae) haben sich auf Spinnen als Nahrung für ihre Larven spezialisiert.

Wegwespen fangen Spinnen und lähmen sie mit ihrem Giftstachel. Anschließend wird die gelähmte Spinne zu einem geeigneten Nistplatz transportiert. Einige Arten vergraben dort ihre Opfer in zuvor ausgehobenen Röhren, andere benützen schon bestehende Hohlräume in Pflanzenstängeln oder die Wohnröhren der Spinnen. Nach dem Transport in die Höhle legt die Wegwespe auf der Spinne ein Ei ab und verschließt die Röhre. Die geschlüpfte Larve frisst die Spinne und verpuppt sich. Die aus der Puppe geschlüpfte, bereits ausgewachsene Wegwespe ernährt sich nicht von Spinnen, sondern von süßen Pflanzensäften. Ähnlich verfahren auch einige Grabwespenarten mit Spinnen.

6.3. Tarnen und Täuschen

Viele Spinnen sind ihrer Umgebung farblich angepasst. Diese Tarnung hat vor allem zwei Gründe. Zum einen werden sie von ihren Beutetieren, denen sie auflauern, nicht gesehen, zum andern auch von ihren Feinden nicht bemerkt. Manche Spinnenarten, die in der Vegetation jagen oder auf Blättern lauern, sind grüngefärbt.

Mal gelb - mal weiß

Bei der **Krabbenspinne *Misumena vatia*** ist die Farbanpassung fast perfekt. Sie passt ihre Körperfarbe dem Untergrund an, auf dem sie sitzt. Misumena kann ihre Körperfarbe zwischen Gelb und Weiß verändern, je nachdem ob sie auf einer gelben oder einer weißen Blüte sitzt. Die Gelbfärbung entsteht durch die Verlagerung eines gelben Farbstoffes in die äußersten Körperzellen, der die normale weiße Färbung überdeckt. Wird der gelbe Farbstoff weiter ins Körperinnere verlagert, erscheint wieder die weiße Färbung, welche durch die eingelagerten weißen Guanin-Kristalle (ein Stoffwechsel-Endprodukt) hervorgerufen wird. Derart gut getarnt lauert Misumena in Blüten auf nichtsahnende Blütenbesucher, wie Schwebfliegen, Bienen und Schmetterlinge. Gleichzeitig ist sie vor optisch orientierten Feinden (Vögel) sicher.

Inkognito

Die kleine **Springspinne *Synageles venator*** erreicht auf andere Weise guten Schutz vor optisch orientierten Fressfeinden. Sie tut nämlich so, als ob sie eine Ameise wäre, was von Vorteil ist, da Ameisen von vielen Vögeln wegen ihres schlechten Geschmacks (Ameisensäure!) verschmäht werden. In Körperform und Körperfarbe ähnelt *Synageles* Ameisen: Weiße Haare auf dem Hinterkörper der Spinne täuschen den für Ameisen typischen Einschnitt zwischen Brust und Hinterleib vor. Selbst in ihrer Bewegungsweise ähnelt sie Ameisen, weil sie nur mit sechs Beinen läuft. Das erste Beinpaar trägt sie hocherhoben, mit ihnen führt sie Tastbewegungen aus, die dem Fühlertasten der Ameisen gleichen. Außerdem lebt *Synageles* oft in der Nähe von Ameisenkolonien, meist bei der Wegameise *Lasius niger*. Unauffällig mischt sie sich unter die Ameisen, ohne sie jedoch zu erbeuten. Da die Wegameise oft im Siedlungsbereich des Menschen vorkommt, kann auch ihr Nachahmer - die Spinne Synageles - in Gärten oder an besonnten Hausmauern gefunden werden, vorausgesetzt man erkennt sie unter all den Ameisen.

6.4. Fast alle Spinnen sind giftig!

Giftspritze

Auf der Rückseite der beweglichen Chelicerenklauen münden die Ausführgänge der **Giftdrüsen** (Abb. 18). Bei den labidognathen Spinnen liegen die Giftdrüsen im Vorderkörper (Abb. 2), bei den orthognathen Spinnen im mächtigen Chelicerengrundglied. Alle Spinnen - bis auf wenige Ausnahmen (z. B. Kräuselradnetzspinnen, Kap. 7.4.) - besitzen ein Paar Giftdrüsen. Daher sind fast alle Spinnen giftig.

Notwehr

Das Gift der Spinnen dient zum Töten der Beute und ist in seiner Wirkung auf diese abgestimmt. Da der Mensch schon wegen seiner Größe nicht als Beute infrage kommt, sind bei ihm **Spinnenbisse** meist harmlos. Die meisten Spinnen sind zudem gar nicht in der Lage, mit ihren

Klauen die menschliche Haut zu durchdringen. Dennoch gibt es unter den 40 000 Spinnenarten einige, die dem Menschen gefährlich werden können. Von rund 50 Arten sind schwerwiegende, zum Teil tödliche Bissfolgen bekannt.

Abb. 18: **Giftklaue** einer Schwarzen Witwe mit Giftdrüsenöffnung (Pfeil).

Viele Spinnenbisse kommen dadurch zustande, dass sich Spinnen vom Menschen bedroht fühlen und sich verteidigen - sie beißen also nur aus Notwehr, beispielsweise dann, wenn man sie mit den Fingern packt oder ein Gespinst öffnet, in welchem ein Spinnenweibchen seinen Nachwuchs bewacht. Die weitverbreitete Meinung, je größer eine Spinne, desto giftiger, stimmt nicht. Große **Vogelspinnen** töten durch die Kraft ihrer Cheliceren Beutetiere, ohne dass es einer starken Giftwirkung bedarf. Gerade sie - aus zahlreichen Filmen bekannt (Kap. 9.17.) - sind fast alle harmlos. Kleine Spinnen gleichen ihre kleinen Mundwerkzeuge und ihre geringere Körperkraft durch wirksameres Gift aus. Daher ist es nicht verwunderlich, dass es gerade einige kleine Spinnen sind, die dem Menschen gefährlich werden. Eine Spinne, die einen besonders schlechten Ruf als Giftspinne hat, ist selten größer als einen Zentimeter: die Schwarze Witwe.

Der heimliche Beißer

Die **Schwarze Witwe (*Latrodectus tredecimguttatus*)** ist die einzige in Europa vorkommende Spinne, die dem Menschen gefährlich werden kann. Im Mittelmeergebiet baut sie in Ödland, Feldern, Steinriegeln und Mauern ihr Fangewebe, mit dem sie Heuschrecken, Zikaden, Käfer, Bienen, Schmetterlinge und andere Insekten fängt.

Zu Unfällen kommt es meist auf Feldern, wo Landarbeiter während der Arbeit gebissen werden. Da ihr Biss ungewöhnlich leicht ist, bemerken ihn 60 % der Gebissenen nicht. Von dieser Tatsache leitet sich auch ihr wissenschaftlicher Name ab: lathro = heimlich, dektes = Beißer. Schon nach zehn Minuten können charakteristische Symptome auftreten: starke Schmerzen der Lymphknoten, Zittern des ganzen Körpers, Schwitzen und Tränenfluss, erhöhter Blutdruck, Herzklopfen, Lähmungen und Atemnot. Eine erfolgreiche Behandlung ist mit spezifischen *Latrodectus*-Gegengiften möglich.

In den letzten Jahrzehnten hat die Schwarze Witwe Dörfer und Städte besiedelt. Ein bevorzugter Aufenthaltsort sind Toiletten im Freien. Hier ist es zu unangenehmen Bissen gekommen.

Der Dornfinger

In der heimischen Fauna gilt nur der Biss des **Dornfingers *Cheiracanthium punctorium*** als gefährlich. Er ist bis zu 15 mm groß und besiedelt am Oberrhein, im Odenwald und im Rhein-Main-Gebiet sonnige Wiesen, Waldränder, Ödland, Ufergürtel und Wegränder. Während der Paarungszeit spinnen die Weibchen große Wohngewebe, in denen sie ihre Eier ablegen und bewachen. Während dieser Zeit sind sie besonders aggressiv, weshalb sich in diesem Zeitraum auch die meisten Unfälle ereignen. Der Biss kann zu einem heftig brennenden Schmerz, Schüttelfrost und Kreislaufbeschwerden führen.

Ein Opfer berichtet

Der Bonner Spinnenforscher Philip Bertkau fand 1891 diese Art erstmals in Deutschland. Beim Sammeln wurde er an einem Tag zweimal und vier Tage später ein drittes Mal in den Finger gebissen. Er berichtet:

> »Der Schmerz war ein ungemein heftig brennender und verbreitete sich fast augenblicklich über den Arm auf die Brust; am stärksten war er an der Bissstelle und in der Achselhöhle. Eine Änderung meines Allgemeinbefindens konnte ich nicht bemerken, abgerechnet einem zweimaligen kurzen Schüttelfrost, der mich etwa eine halbe Stunde nach den beiden kurz aufeinanderfolgenden Bissen ... befiel. Der spontane Schmerz war am anderen Morgen verschwunden, kehrte aber auf Druck an der Bissstelle wieder und ging am zweiten Tag in Jucken über. Als ich 4 Tage später wieder gebissen wurde, kehrten die Schmerzen und später besonders das Jucken an den früheren Bissstellen spontan wieder, und diesmal dauerte es fast 14 Tage, bis jedes ungewöhnliche Gefühl geschwunden war« [1].

7. Wie spinnen Spinnen?

Spinnseide - der Stoff fürs Leben

Die Herstellung einer Substanz, die außerhalb des Körpers zu einem festen Faden erstarrt, ist die herausragendste Fähigkeit der Spinnen, der sie ihren Namen verdanken.

Aber auch andere Tiergruppen - vor allem **Insekten** - sind in der Lage, Gespinste aus Seide herzustellen. Beispiele aus unserer heimischen Fauna sind: der Kolbenwasserkäfer (Kokon) und Larven von Köcherfliegen (Wohnröhren und Fangreusen). Am bekanntesten und von wirtschaftlicher Bedeutung ist der Maulbeerseidenspinner (*Bombyx mori*). Aus der Spinnseide, welche die Schmetterlingsraupen zur Herstellung ihrer Kokons verwenden, werden durch Abhaspeln jährlich mehrere Millionen Kilogramm Rohseide gewonnen.

Die Herstellung von Spinnseide ist bei den meisten Tiergruppen nur an ein bestimmtes Entwicklungsstadium gebunden und hat zudem nur eine ganz bestimmte Funktion. Im Gegensatz dazu verwenden Spinnen ihre Fäden für vielfältige Aufgaben während ihres ganzen Lebens.

7.1. Spinndrüsen und Spinnwarzen

Wo wird die Seide hergestellt?

Die Spinnseide ist ein Ausscheidungsprodukt der Spinndrüsen, die im Hinterkörper liegen (Abb. 2). Sie bestehen aus Drüsenkörper und Ausführgang, der in Form von Spinnspulen auf den Spinnwarzen mündet. Drüsenzellen geben die Spinnseide als Flüssigkeit in das Innere des Drüsenkörpers ab. Erst beim Austritt aus den Spinnspulen erstarrt die Spinnseide zu einem festen Faden.

Verschiedene Drüsen - unterschiedliche Seiden

Es können mehrere Drüsentypen unterschieden werden. Jeder Typ produziert eine bestimmte Seide, die sich in chemischen und physikalischen Eigenschaften von den anderen unterscheidet und für einen bestimmten Zweck verwendet wird (Tab. 1). Radnetzspinnen besitzen bis zu sechs verschiedene Drüsentypen. Bei Laufspinnen, die kein Fanggewebe bauen, sind mindestens vier unterschiedliche Typen ausgebildet. Oft stehen verschiedene Drüsen, die auf der gleichen Spinnwarze münden, in einem engen funktionalen Zusammenhang.

Tab. 1: Spinndrüsen und Fadenarten bei der Kreuzspinne (Gl. = Glandulae, v = vorderem, m = mittlerem, h = hinterem).

Drüsenname	**Anzahl auf** v	m	h **Spinnwarzenpaar**	**Funktion Erzeugung von**
Gl. ampullaceae	2	2		Wegfäden
Gl. piriformes	500			Haftfäden
Gl. aciniformes		14	300	Beutefesselfäden
Gl. tubuliformes			4	Kokonfäden
Gl. flagelliformes			2	Klebegrundfaden
Gl. aggregatae			4	Klebesubstanz

Drei Paar Spinnwarzen und das Cribellum

Die Anzahl der Spinnwarzenpaare ist unterschiedlich. Ursprüngliche Spinnen besitzen vier, einige Vogelspinnen haben zwei. Die meisten heimischen Spinnen besitzen drei Paar Spinnwarzen. Bei einigen Spinnengruppen liegt vor dem ersten Spinnwarzenpaar eine besondere Platte, das **Cribellum** (Abb. 19). Diese Spinnen werden deshalb auch cribellate Spinnen genannt.

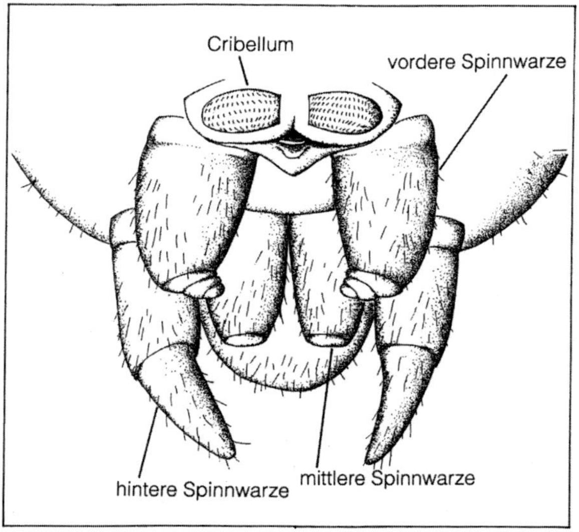

Abb. 19: **Spinnapparat einer cribellaten Spinne** (schematisch).

50 000 Spinnspulen

Auf dem Cribellum stehen bis zu 50 000 Spinnspulen, aus denen ein extrem dünner Faden austritt. Cribellumfäden werden zur Herstellung eines besonderen Fangfadens verwendet.

Bewegliche Warzen

Die Spinnwarzen sind durch zahlreiche Muskeln gut beweglich. Bei einigen Spinnen spalten sich diese Muskeln innerhalb der Spinnwarzen mehrfach auf, was deren Beweglichkeit vergrößert.

An den Warzen sollt ihr sie erkennen

Die Spinnwarzen sind bei verschiedenen Spinnengruppen unterschiedlich gebaut und dienen als Bestimmungsmerkmal. Das Cribellum ist entweder geteilt oder als einheitliche Platte ausgebildet.

7.2. Fäden

Die verschiedenen Spinndrüsen stellen unterschiedliche Fadentypen (Tab. 1) her , die sich auch in ihrer Stärke und Form unterscheiden. Besonders dick sind die Kokonfäden der tropischen Seidenradnetzspinne Nephila mit 0,012 mm Dicke, extrem fein sind die aus dem Cribellum austretenden Fäden mit einer »Stärke« von 0,000015 mm.

Wegfäden

Wegfäden haben im Leben der Spinnen eine zentrale Bedeutung. Fast bei jedem Schritt und Tritt ziehen viele Arten einen Wegfaden hinter sich her, der in den Ampullendrüsen (Glandulae ampullaceae, Tab. 1) gebildet wird. Dieser kann, je nach Situation zum Sicherheitsfaden, Abseilfaden oder gar zum Flugapparat werden.

Fliegende Spinnen - vom Winde verweht

Zur Besiedlung von neuen Lebensräumen klettern Jungspinnen auf erhöhte Punkte, recken ihre Hinterkörper in die Höhe und lassen so lange Wegfäden austreten, bis sie der Wind fortträgt. Zwergspinnenmännchen begeben sich am Faden fliegend auf Weibchensuche. Derart fliegend können Spinnen sehr große Entfernungen zurücklegen. Fliegende Fäden fallen uns im »**Altweibersommer**« besonders auf, um ihn ranken sich viele Sagen (vgl. Kap. 9.13.).

Brücken schlagen

Vor dem Bau eines Radnetzes lassen Radnetzspinnen so lange Wegfäden austreten, bis sich diese irgendwo verfangen haben. Die so entstandene Seilbrücke wird gestrafft, geprüft und dann betreten. Wegfäden spielen beim Bau von Geweben eine große Rolle, da aus ihnen wesentliche Teile bestehen.

Haftfäden

Zur Verbindung von Fäden untereinander und zur Anheftung am Untergrund dient ein zähflüssiges, klebendes Sekret der Glandulae piriformes. Haftfäden haben beim Bau von Geweben ebenfalls eine große Bedeutung, da kreuzende Fäden mit ihnen versponnen sind.

Beutefesselfäden

Viele Spinnen (z. B. die Gartenkreuzspinne) fesseln ihre Beutetiere vor dem Giftbiss oder verpacken die getötete Beute mit Beutefesselfäden zu einem handlichen Paket. Sie werden von den Glandulae aciniformes gebildet. Einige Spinnen (z. B. die Kräuselradnetzspinnen) fesseln ihre Beute so schnell und geschickt, dass sie ohne Giftdrüsen auskommen.

Kokonfäden

Spinnen legen ihre Eier nicht einfach irgendwo ab, sondern umhüllen sie mit Kokonfäden (Kap. 5.), welche in den Glandulae tubuliformes ausgewachsener Weibchen gebildet werden. Bei den Männchen sind diese Drüsen entweder ohne Funktion oder fehlen ganz.

Fangfäden

Bei Spinnen finden wir zwei Arten besonderer Fangfäden: Klebefäden und Fangwolle. Beide halten Beutetiere fest, die mit ihnen in Berührung kommen. An ihrer Herstellung sind stets zwei unterschiedliche Drüsentypen beteiligt.

Klebefäden

Auf einen Grundfaden, der von den Glandulae flagelliformes gebildet wird, geben die Glandulae aggregates eine Klebesubstanz ab, die sich zu Tröpfchen zusammenzieht und dem Klebefaden ein perlschnurartiges Aussehen verleiht. Im Innern der klebrigen Tröpfchen befindet sich der aufgerollte Faden als Spinnseidenreservoir, was eine Dehnung auf das Dreifache der Fadenlänge und anschließendes Zusammenziehen ermöglicht (Abb. 20a). Diese Fadenknäuel fangen Beutebewegungen ab. So bleibt das **Radnetz** einer Kreuzspinne stabil, auch wenn die soeben gefangene Fliege noch so zappelt. Nur Radnetzspinnen und einige mit ihnen verwandte Spinnengruppen besitzen diese beiden Drüsentypen - nur sie können Klebefäden herstellen. Die Fängigkeit aller übrigen Gewebe beruht auf Anziehungskräften (Adhäsion).

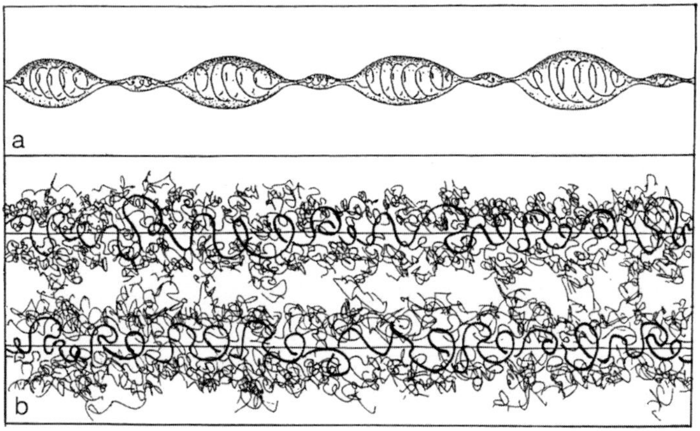

Abb. 20: **Fangfäden**: a: Klebefaden, b: Kräuselfäden.

Flotter Dreier: zwei Drüsen und ein Bein

Spinnen, die eine Spinnplatte (Cribellum) besitzen, stellen zum Beutefang **Fangwolle** bzw. Kräuselfäden her (Abb. 20b). Zwei verschiedene Drüsen sind an der Herstellung beteiligt: Die aus dem Cribellum austretenden sehr feinen Fäden werden mit einer kammartigen Struktur (Calamistrum) des vierten Laufbeins auf zwei nebeneinanderliegende Wegfaden aufgebürstet (Kap. 2.6.). Die so entstandene **Fangwolle** besitzt eine sehr große Oberfläche, an der Beutetiere durch Adhäsionskräfte kleben bleiben. Cribellate Fäden besitzen eine sehr große Dehnfähigkeit.

7.3. Gewebe

Durch die Verbindung einer oder mehrerer Fadensorten entstehen Gewebe. Spinnengewebe sind stets Ausdruck eines zurückgelegten Weges. In ihrer Grundstruktur sind sie das Ergebnis genetisch festgelegter Bewegungsabläufe. Sie haben zwei verschiedene **Grundfunktionen**:

1. Schutz der Erbauer oder deren Nachkommen vor Witterungseinflüssen und Feinden,

2. »Werkzeug« zum Fang der Beute.

Demzufolge lassen sich **drei Gewebetypen** unterscheiden: Wohngewebe, Kokon- und Fanggewebe, die in einem ungeheuren Formenreichtum vorkommen. Das ursprünglichste Gewebe war das Wohngewebe, aus dem sich im Laufe der Evolution Kokon- und Fanggewebe entwickelt haben.

Wohngewebe

Die Wohngespinste bestehen im einfachsten und ursprünglichsten Fall aus einem mit Seide austapezierten natürlichen Hohlraum (z. B. einer Erdspalte). Sie können aber auch röhrenförmig oder kuppeldachartig am Boden aufliegen oder in der Vegetation aufgehängt sein.

Wohngewebe schützen ihre Bewohner vor ungünstigen mikroklimatischen Bedingungen (Temperatur, Feuchtigkeit) und vor Feinden (Räuber, Parasiten).

Viele Spinnen verzichten auf den Bau von ständig bewohnten Gespinsten, sie haben aber dafür **andere Schutzmechanismen** entwickelt wie z. B. einen verdickten Chitinpanzer als Verdunstungsschutz, Erhöhung der Kälteresistenz, Tarnung durch Farb- und Formanpassung (Kap. 6.3.), Totstellreflexe, Fluchtverhalten usw. Dennoch bauen auch einige dieser Spinnen Gewebe, die sie aber nur zur Häutung oder als Tages- bzw. Nachtversteck benutzen.

Kokons

Vieles spricht dafür, dass sich Kokons aus bestimmten Gespinstbereichen der Wohngewebe entwickelt haben, die der Entwicklung der Jungspinnen vorbehalten waren (Kap. 5.). Aus diesen abgesonderten Bereichen entstanden eigenständige und an die bewohnten Lebensräume speziell angepasste Gespinste.

Fanggewebe

Während Wohngewebe und Kokons ursprüngliche Gewebeformen sind, gilt der Bau von reinen Fanggeweben als neue Errungenschaft in der stammesgeschichtlichen Entwicklung der Spinnen.

Der Übergang vom Wohngespinst zum Fanggewebe lässt sich anhand von **Zwischenformen** rekonstruieren: Zunächst ziehen vom Wohngespinst Radialfäden weg, die als Stolperfäden das Nahen eines Beutetieres melden. Handelt es sich hierbei um cribellate Fäden, werden Beutetiere daran festgehalten; das Gespinst dient dann schon als kleines Fanggewebe.

Gewebe mit getrenntem Wohnbereich und eigenständigem Fangbereich finden wir bei *Eratigena atrica*, der **Hauswinkelspinne** (Kap. 8.1.). Der Boden ihrer Wohnröhre ist horizontal verlängert, dadurch entsteht ein flächiges Fanggewebe. *Eratigena* hält sich die meiste Zeit in der Wohnröhre auf und verlässt diese nur, wenn ein Beutetier im Fanggewebe festgehalten wird. Reine Beutefanggewebe sind die Radnetze der **Radnetzspinnen**.

7.4. Radnetze und Radnetzspinnen

Das Radnetz und die Ökonomie

Radnetze sind zwar jedem bekannt, doch die wenigsten wissen, dass es sich dabei um hoch spezialisierte Fanggewebe handelt, die nur von rund einem Siebtel aller Spinnen angefertigt werden. Das Radnetz ist eine ökonomische Lösung des Problems, mit wenig Material eine maximale Fangfläche zu erreichen. Radnetze sind zugbeanspruchte Konstruktionen. Durch Spannseile wird ein Rahmen aufgespannt und in Form gehalten. Von den Rahmenfäden ziehen Speichen ins Netzzentrum und treffen in der Nabe zusammen. Die eigentliche Fangfläche besteht aus der Fangspirale, einem mit Klebetröpfchen oder Fangwolle belegten, spiralig in die Speichen eingewebten Fangfaden (Abb. 21).

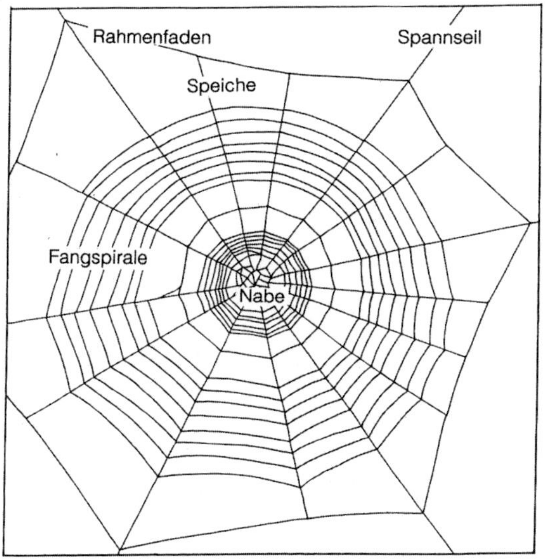

Abb. 21: Radnetz einer Kreuzspinne (schematisch).

Geschlossene Nabe

Die Zugkräfte, welche die Speichen auf das Netzzentrum übertragen, können aus statischen Gründen nicht in einem Punkt zusammentreffen. Bei den eigentlichen **Radnetzspinnen** (Familie Araneidae) ist die Nabe geschlossen. Unregelmäßige Fäden im Netzzentrum fangen die Zugkräfte auf und verteilen sie (Abb. 21). Diese Familie ist bei uns mit rund 50 Arten vertreten.

Abb. 22: **Radnetze mit offener Nabe.** a: Streckerspinne *Tetragnatha* sp. b: Herbstspinne *Metellina* sp.

Offene Nabe

Bei Radnetzen mit einer offenen Nabe bleibt in der Mitte ein runder Bezirk frei von Fäden. Zugkräfte werden von einer Spirale um den freien zentralen Raum abgefangen. In unserer heimischen Fauna bauen die Arten der **Streckerspinnen** (Familie Tetragnathidae) und die **Herbstspinnen** (Familie Metidae) solche Radnetze (Abb. 22).

Radnetze mit Klebefäden

In unserer heimischen Fauna baut lediglich eine Art der **Kräuselradnetzspinnen** *(Uloborus walckenaerius*) ein vollständiges Radnetz, dessen Fangfaden aus Fangwolle besteht.

Weitaus häufiger sind dagegen die Radnetze mit Klebefäden, die in Mitteleuropa von den Vertretern dreier Familien hergestellt werden: den eigentlichen **Radnetzspinnen** (Familie Araneidae), den **Herbstspinnen** (Familie Metidae) und den **Streckerspinnen** (Familie Tetragnathidae). Ihre Radnetze unterscheiden sich im Bau der Nabe und in der Anzahl der Speichen. Mit etwas Erfahrung kann man vom Aussehen der Radnetze auf deren Erbauer schließen (Abb. 21, 22).

Das Kreuz der Spinne - die Gartenkreuzspinne

Die bekannteste Radnetzspinne ist die **Gartenkreuzspinne** *Araneus diadematus.* Sie sitzt tagsüber meist im Netzzentrum. Bei ungünstigem Wetter versteckt sie sich am Rande des Netzes in der Vegetation, sie baut dort aber kein Wohngewebe.

Das arttypische Kreuzmuster auf dem Hinterkörper (Abb. 23) entsteht durch das Durchschimmern von kristallisierten Stoffwechselendprodukten, die in besonderen Zellen unter der Körperoberfläche lagern. Um das Kreuz der Kreuzspinne ranken sich viele Legenden (Kap. 9.14.).

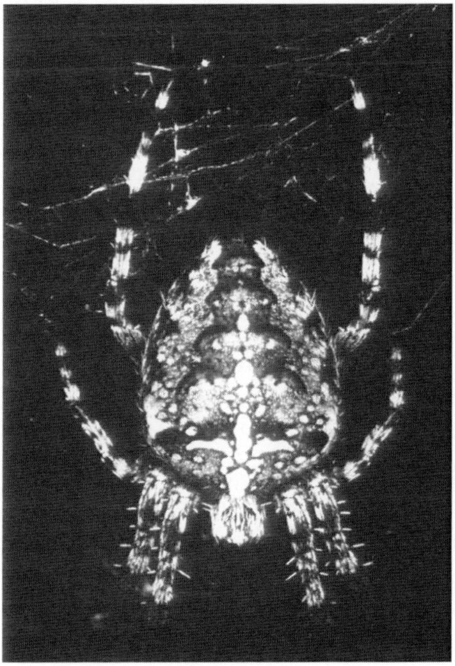

Abb. 23: **Gartenkreuzspinne** *Araneus diadematus.*

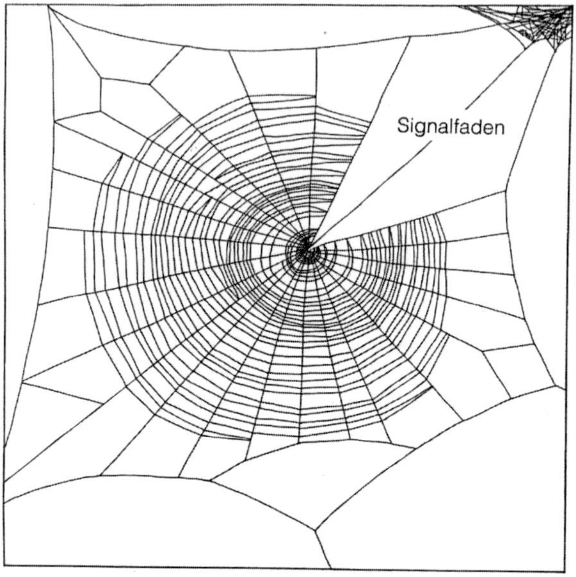

Abb. 24: **Die Sektorspinne** *Zygiella x-notata* baut ihr Netz oft in Fensterecken und lässt beim Einziehen der Fangspirale den Raum zwischen drei Speichen frei. Der zum Versteck ziehende Signalfaden meldet die Netzerschütterungen einer zappelnden Beute.

Thema mit Variationen

Für die vielfältigen Variationen des Grundbauplans innerhalb der Radnetzspinnen sollen hier nur zwei Beispiele angeführt werden, nämlich die **Sektorspinne** *Zygiella x-notata* aus der Familie der Radnetzspinnen (Abb. 24) und die **Dreieckspinne** *Hyptiotes paradoxus* aus der Familie der Kräuselradnetzspinnen (Abb. 25).

7.5. Der Stoff, aus dem die Seide ist

Spinnseide besteht aus Eiweißstoffen, genauer aus **Skleroproteinen** (ß-Keratin). Diese sind in Wasser unlöslich, besitzen eine Faserstruktur und dienen im Tierreich als Gerüst- und Stützsubstanzen. Spinnseide ist jedoch nicht gleich Spinnseide. Die verschieden Fadenarten unterscheiden sich in der Zusammensetzung ihrer Grundbausteine (Aminosäuren).

Recycling

Viele Spinnenarten lassen ihre Gewebe, wenn sie unbrauchbar geworden sind, einfach zurück und bauen sich neue.

Kreuzspinnen jedoch fressen vor dem Bau eines neuen Gewebes ihr altes mitsamt kleiner darin gefangener Beutetiere und Blütenpollen auf. Schon nach 30 Minuten tauchen - im Experiment markierte - Aminosäuren im neuen Gewebe wieder auf. Dies bedeutet, dass sie zur Herstellung neuer Spinnseide, die alten Bausteine wiederverwenden.

Fest wie Stahl - elastisch wie Gummi

Zur Charakterisierung der mechanischen Eigenschaften von fädigen Werkstoffen werden Dehnungsfähigkeit und Festigkeit verwendet. Die Dehnungsfähigkeit gibt an, um wie viel Prozent der Ausgangslänge ein Werkstoff gedehnt werden kann, bis er reißt.

In der Textil- und Faserchemie werden zur Charakterisierung der Festigkeit verschiedene Maße verwendet (z.B.: g/denier). Die Festigkeit eines Wegfadens der Gartenkreuzspinne beträgt 7,8 g/denier, die von Wolle 1,6 g/denier. Um die Festigkeit verschiedener Stoffe anschaulich miteinander vergleichen zu können, wurde in Tab. 2 die Festigkeit eines Wegfadens = 100 gesetzt.

Beim Vergleich der unterschiedlichen Werkstoffe fällt auf, dass sie entweder eine hohe Festigkeit und gleichzeitig eine geringe Dehnungsfähigkeit haben (Kevlar, Glas) oder umgekehrt. Die Wegfäden einer Spinne dagegen besitzen hohe Dehnungsfähigkeit und gleichzeitig sehr hohe Festigkeit. Damit erweisen sich Wegfäden als idealer Werkstoff für zugbeanspruchte und dennoch elastische Konstruktionen, wie es Spinnengewebe sind.

Tab. 2: Dehnungsfähigkeit (in %) und Festigkeit von Werkstoffen
(Festigkeit eines Wegfadens = 100).

Werkstoff	Dehnungsfähigkeit	Festigkeit
Kevlar	1	230
Glas	3	96
Stahl	8	44
Seide	16	47
Nylon	22	67
Wegfaden	**31**	**100**
Orlon	31	41
Wolle	43	20
Kokonfaden	**46**	**2**

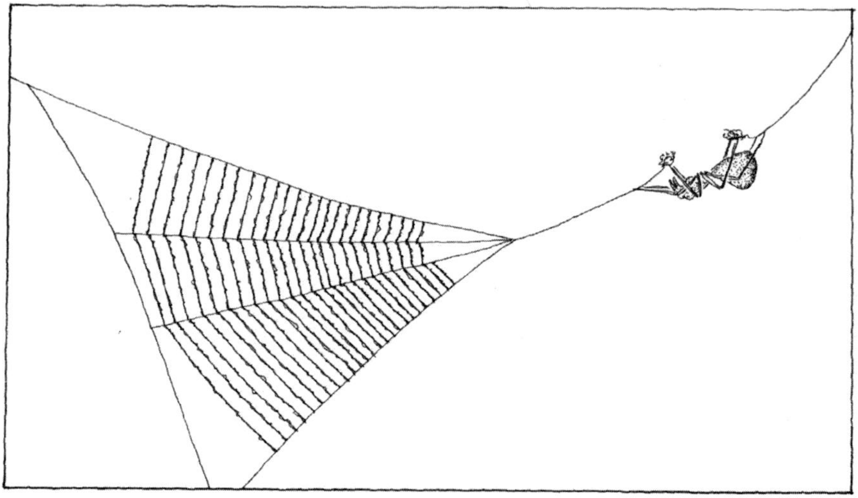

Abb. 25: **Die Dreieckspinne** *Hyptiotes paradoxus* fertigt ein reduziertes Radnetz an, das nur noch aus vier Speichen besteht, zwischen denen cribellate Fangfäden verlaufen. Mit einem Signalfaden, den Hyptiotes mit den Vorderbeinen festhält, spannt sie das Gewebe auf. Melden Schwingungen des Signalfadens, dass ein Beutetier ins Netz geraten ist, verlängert die Spinne ihren hinteren an einem Zweig befestigten Haltefaden. Sie sinkt am Faden nach unten, gleichzeitig fällt das Netz über dem Beutetier zu einem Knäuel zusammen, ein Entkommen ist nicht mehr möglich.

8. Spinnen im Haus

Viele Spinnen in unseren Häusern sind nur **zeitweilige Gäste**, die sich im Lauf des Sommers oder Herbstes in unsere Wohnungen verirrt haben und einige Zeit in Untermiete wohnen. Unsere Wohnräume sind für Spinnen relativ unwirtliche Lebensräume, nicht nur wegen der reinlichen Hausfrau.

Dennoch gibt es einige Arten, die das ganze Jahr bei uns wohnen, was vor allem zwei Gründe hat: Manche leben in wärmeren Gegenden im Freien und können bei uns nur in geheizten bzw. frostfreien Räumen überdauern, andere, die bei uns im Freien in Spalten, Rissen oder hinter Rinde hausen, finden auch in Wohnungen entsprechende Lebensräume in großer Zahl: Zwischenräume zwischen Möbeln, hinter Bildern usw.

Von den echten **Hausspinnen** fallen - schon wegen ihrer Größe - besonders zwei Arten auf: die Hauswinkelspinne Eratigena atrica und die langbeinige Zitterspinne Pholcus phalangioides. Die übrigen Mitbewohner fallen kaum ins Auge, weil sie nachtaktiv und/oder sehr klein sind.

8.1. *Eratigena atrica* - die Spinne im Waschbecken

Schrecken im Bad

Jeder hat das schon einmal erlebt: Man kommt ins Bad, und da sitzt eine große, schwarze Spinne in der Badewanne oder im Waschbecken (**Titelfoto**). Der Mensch erschrickt - und die Spinne büßt es meist mit ihrem Leben.

Konstantin Wecker führte diese Situation in einem Lied als Grund dafür an, dass sich die meisten Bundesbürger nur einmal in der Woche warm baden. Denn »Spinnen sitzen gerne in der Badewanne und machen dich am Abend kurz vorm Baden bange«.

Nun kennen wir die Ursache dieser »grauenvollen Misshygiene«, aber wir wissen immer noch nicht, was die Spinnen in der Badewanne machen und vor allem, wie sie hineinkommen. Um gleich ein Vorurteil abzubauen: Sie kommen nicht aus dem Abflussrohr gekrabbelt, dorthin werden sie nur von erschrockenen Menschen mit einem kräftigen Wasserstrahl befördert.

Schuld daran sind die Borsten

Eine Spinne in der Badewanne ist das Opfer eines Missgeschicks. Denn für die **Hauswinkelspinne** *Eratigena atrica* - um jene handelt es sich fast immer - sind Gefäße mit glatten Wänden eine Falle. Warum? Sie besitzt an der Unterseite ihrer Beine viele kräftige Borsten. Diese sind bei der Fortbewegung in ihrem Gewebe von Vorteil, da Eratigena mit ihnen wie »auf Zehenspitzen« auf ihrem Netz läuft und so die Kontaktfläche verringert. Sie kann deshalb mühelos auf ihrem Gewebe laufen. Was aber im Netz nützlich ist, erweist sich in der Badewanne als tödlicher Nachteil. Wegen ihrer Borsten rutscht sie bei Befreiungsversuchen immer wieder zurück, so lange, bis sie erschöpft ist oder von einem hilfreichen Menschen gerettet wird.

Lange Beine

Eratigena atrica ist mit einer Körperlänge von bis zu 2 cm eine der größten und auffälligsten Spinnen, die man bei uns in Häusern finden kann. Besonders augenfällig sind die langen Beine. Das vierte Laufbein ist mit bis zu 3 cm am längsten. Dadurch kann sie einen Durchmesser von bis zu 7 cm und die »erschreckende« Größe einer Handfläche erreichen.

Während der Fortpflanzungszeit streifen die **Männchen** auf der Suche nach Weibchen in der Wohnung umher. Oft überrascht man sie bei ihren nächtlichen Streifzügen. Sie verharren dann entweder regungslos oder ergreifen mit großer Geschwindigkeit die Flucht. Ausgewachsene Männchen können in zehn Sekunden eine Strecke zurücklegen, die etwa das 330fache ihrer Körperlänge beträgt (vgl. Kap. 2.2.).

Das aus einem röhrenförmigen **Wohngewebe** und einem flächigen Fangbereich bestehende Gewebe von *Eratigena* (Kap. 7.3) ist meist in Winkeln oder Ecken aufgespannt. Dieser Bevorzugung verdankt *Eratigena atrica* ihren deutschen Namen »Hauswinkelspinne«. Der Fangbereich enthält keine besonderen Fangfäden. Beutetiere werden durch das unregelmäßige Fadengewirr in ihrem Lauf gebremst und bleiben infolge von Adhäsionskräften daran kleben. Durch die Netzerschütterungen alarmiert, stürzt die Spinne aus ihrer Wohnröhre und überwältigt die Beute mit Giftbissen. Anschließend knetet und zerdrückt sie das Opfer mit den Cheliceren und erbricht Verdauungssekrete. Die verflüssigten Beuteteile saugt sie auf. Übrig bleiben nur einige unverdauliche Reste des Chitinpanzers (Kap. 6.1.). *Eratigena* kann mit ihren Chelicerenklauen die menschliche Haut durchdringen, ihr **Biss** ist für den Menschen jedoch **harmlos**.

Der Kokon im Keller

Der Kokon wird vom Weibchen meistens in der Nähe des Gewebes aufgehängt. Er ist kugel- oder linsenförmig und durch das Einweben von Fremdpartikeln, die aus der Umgebung stammen, getarnt. Nach einiger Zeit schlüpfen die Jungspinnen, halten sich noch einige Tage in Kokonnähe auf und beginnen dann ihren eigenen Lebensweg.

8.2. Kleiner Hüpfer - *Salticus scenicus*

Genau das Gegenteil von *Eratigena* ist die **Zebraspringspinne** *Salticus scenicus*. Diese kleine schwarz-weiß gefärbte Spinne ist ein wahrer Kletterkünstler. Im Sommer kann man oft beobachten, wie sie am Fenster mühelos umherläuft und sogar noch weite Sprünge macht. Diese Fähigkeit verdankt sie ihren zahlreichen Scopulahaaren (Abb. 5, Kap. 2.5.). Eine Badewanne ist für die Zebraspringspinne daher kein Problem.

An ihrer typischen Färbung (weiße Querbänder auf schwarzem Grund) ist sie sehr leicht zu erkennen. Dieser Streifung verdankt sie auch ihren deutschen Namen Zebraspringspinne. Ihr Beutefangverhalten wurde schon in Kapitel 3.6. beschrieben.

8.3. Zitterspinne *Pholcus phalangioides*

Fadengewirr

Immer auf Nummer sicher geht die langbeinige **Zitterspinne** *Pholcus phalangioides*. Im Winkel zwischen Wand und Decke hangelt sie stets an ihren eigenen Fäden entlang, wobei sie immer einen neuen Faden hinter sich herzieht. Dadurch entsteht im Lauf der Zeit ein undurchdringliches Fadengewirr. In diesem Fadendickicht verheddern sich laufende und fliegende Insekten wie Ameisen, Mücken, Käfer, Blattläuse und auch Spinnen.

Das Gespinst ist so wirksam, dass selbst große Spinnen wie Eratigena gefangen werden (Abb. 26). Es enthält keine Fangfäden. Die Fängigkeit wird durch die unregelmäßige Verknüpfung von Wegfäden erreicht, auf die schraubenartige Fadenschlingen aufgetragen sind. In diesen verfangen sich Beutetiere mit ihren Borsten. Je älter das Gewebe ist, desto größer ist die Fadendichte und damit auch die Zahl von Verknüpfungen. Gleichzeitig wird aber dadurch die Beweglichkeit der Spinne eingeschränkt. Um zu einem Beutetier zu gelangen, muss sie ihr altes Netz aus dem Weg räumen. Sie muss sich gewissermaßen den Weg frei beißen, was bis zu einer Stunde dauern kann.

An Ort und Stelle bewirft sie mit ihren langen Hinterbeinen das festhängende Opfer mit Spinnsekret (vgl. Beutefangverhalten der Haubennetzspinnen, Kap. 2.6). Auf diese Weise kann sie auch große und wehrhafte Beute überwältigen. Ihr Gespinst enthält keinen speziellen Wohnbereich, allerdings kehrt sie immer wieder an einem bestimmten Ruheplatz zurück, wo sie stets mit der Bauchseite nach oben hängt.

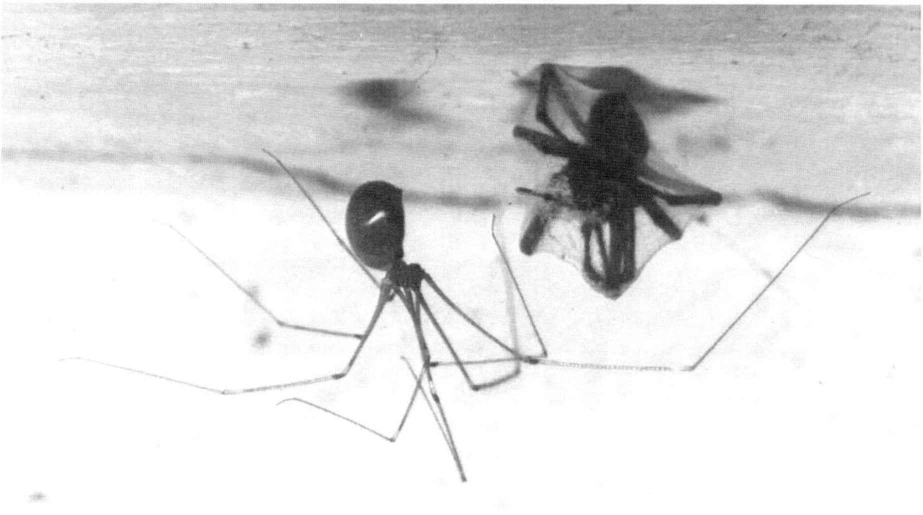

Abb. 26: **Zitterspinne mit erbeuteter Hauswinkelspinne.**

Mahlzeit

Im Gegensatz zur Hauswinkelspinne zerkaut die Zitterspinne ihre Beute nicht. Durch die winzige Bisswunde pumpt sie Verdauungssäfte in das Beutetier und saugt es anschließend aus. Der Chitinpanzer des Beutetieres bleibt dabei vollständig erhalten. Bei großen Beutetieren, beispielsweise bei einer erbeuteten Eratigena, kann der Saugvorgang länger als einen Tag dauern.

Auch in Ihrer Wohnung!

Die Zitterspinne ist weltweit verbreitet und besiedelt in Mitteleuropa hauptsächlich Häuser, wobei sie Keller bevorzugt. Im Sommer kann man sie auch an der Außenseite von Gebäuden finden. In klimatisch begünstigten Gegenden Deutschlands (Kaiserstuhl) bildet sie eigenständige Freilandpopulationen.

Zitterspinne

Ihren deutschen Namen »Zitterspinne« verdankt sie dem Verhalten, sich bei Störungen sehr schnell hin und her zu bewegen, wobei sich ihre Kontur verwischt und sie für Fressfeinde unsichtbar wird. Diese Zitterbewegung kann man sehr leicht hervorrufen, indem man sie vorsichtig berührt oder anbläst.

Lockeres Bündel

Zitterspinnenweibchen stellen keinen aufwendigen Kokon her. Sie umwickeln ihre Eier nur locker mit wenigen Fäden und tragen diese in den Cheliceren herum. Nach fünf Häutungen erreichen Zitterspinnen die Geschlechtsreife und können eine Körperlänge von 8-11 mm erreichen. Sie werden bis zu fünf Jahre alt.

8.4. Mit Geduld und Spucke fängt *Scytodes* manche Mucke

Gast aus dem Süden

Die 4-6 mm große **Speispinne** *Scytodes thoracica* (Abb. 27) ist die einzige in Mitteleuropa vorkommende Art ihrer Familie, die hauptsächlich in den Tropen und Subtropen verbreitet ist. Diese Art ist weltweit verbreitet und lebt in warmen Gebieten im Freien. Im Mittelmeergebiet kann man sie häufig unter Steinen finden. Im gemäßigten Klimabereich kommt sie jedoch nur in Gebäuden vor. Da *Scytodes* nachtaktiv und versteckt in Ritzen und Spalten lebt, sieht man sie nur selten. Von ihrer Anwesenheit in der Wohnung ahnt man meistens nichts. Speispinnen sind sehr leicht an ihrer typischen Färbung und an ihren weit ausholenden, schreitenden Bewegungen zu erkennen. In ihrem Versteck lauert unsere Art auf vorbeikommende kleine Fliegen, Mücken, Silberfischen und andere Spinnen.

Spruzzo

Scytodes thoracica zeigt ein einzigartiges Beutefangverhalten. Sie fängt ihre Beute weder mit einem Gewebe, noch packt sie Beutetiere mit ihren Cheliceren. Sie spuckt eine klebrige Flüssigkeit (Spruzzo) auf ihr Opfer und klebt es damit am Untergrund fest (Abb. 27.).

Die Leimsubstanz wird in den Giftdrüsen gebildet. Jede Drüse ist vergrößert und in zwei Lappen gegliedert. In dem vorderen kleineren Lappen wird Gift, im größeren, hinteren Leimsubstanz gebildet. Beide Drüsenteile haben einen gemeinsamen Ausführgang und münden auf der Spitze der

Chelicerenklaue. Das Leimsekret erstarrt an der Luft schnell zu spröden Fäden. Nachdem das Opfer festgeklebt ist, wird es von der Speispinne getötet. Anschließend reinigt sie ihre Cheliceren von anhaftenden Leimtröpfchen und beginnt mit dem Verzehren. Gelegentlich durchbeißt sie sämtliche Fesselfäden und trägt die Beute in ihren Schlupfwinkel, bevor sie mit der Mahlzeit beginnt. Der Saugakt kann je nach Größe des Beutetieres bis zu 24 Stunden dauern.

Abb. 27: Die **Speispinne** *Scytodes thoracica* hat eine Fliege mit einem »Spruzzo« am Untergrund festgeheftet.

8.5. Die Kellerspinne - *Amaurobius ferox*

Amaurobius besiedelt im Keller meist Ritzen und Spalten und baut dort ihr typisches Wohn- und Fanggewebe. Von einer Wohnröhre aus ziehen mit Fangwolle belegte Fangfäden nach allen Richtungen. Infolge der Lichtbrechung an den sehr feinen Cribellum-Fäden schimmern diese bläulich. Die Kellerspinne erbeutet hauptsächlich Fliegen, Käfer und Kellerasseln.

8.6. Nächtlicher Jäger - *Scotophaeus scutulatus*

Scotophaeus scutulatus ist ein aktiver Jäger, der sich tagsüber in Schlupfwinkeln hinter Möbeln oder Bilderrahmen versteckt. In Wohnungen kann man das ganze Jahr hindurch ausgewachsene Tiere beobachten. Im

Freiland findet man diese Art gelegentlich unter Rinde von Nadel- oder Laubhölzern. Von ihrer Lebensweise ist nur wenig bekannt, obwohl sie ein regelmäßiger Gast in unseren Wohnungen ist.

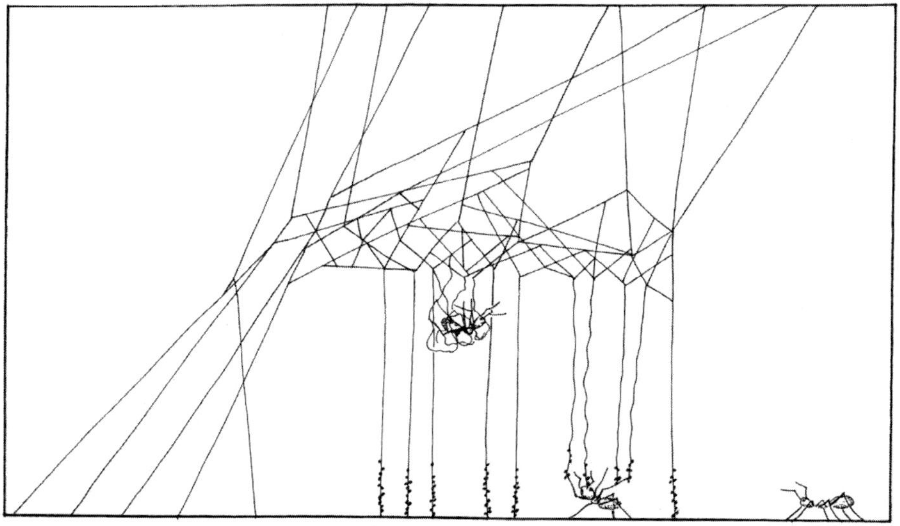

Abb. 28: **Gewebe der Fettspinne** *Steatoda bipunctata* und Fang von Ameisen (schematisch).

8.7. Haste Töne - die Fettspinne *Steatoda bipunctata*

Häufig, klein und unauffällig

Steatoda bipunctata ist in Mitteleuropa wohl die am weitesten verbreitete und häufigste »Hausspinne«. Sie fällt aber wegen ihrer geringen Körper- und Gewebegröße im Vergleich zur großen Hauswinkelspinne oder der auffälligen Zitterspinne kaum auf. Ihren deutschen Namen »Fettspinne« verdankt sie ihrem fettig glänzenden Hinterkörper.

Ausgewachsene Tiere sind in Häusern fast das ganze Jahr hindurch anzutreffen. Die Paarungszeit scheint aber im Herbst zu sein, in dieser Zeit kann man in Ecken und Winkeln den Kokon finden, der 100-150 rosarote Eier enthält. Im Freiland lebt die Fettspinne an Baumstämmen mit rissiger Borke oder in den Spalten von Felswänden und Mauern. Ähnlich strukturierte Lebensräume besiedelt sie in Wohnungen, Kellern, auf Böden und in Stallgebäuden.

Fußangeln

Das Fanggewebe von Steatoda bipunctata besteht aus einer, je nach Örtlichkeit, mehr oder weniger ausgedehnten maschigen Gewebedecke und einem Fadengerüst, welches die Decke frei im Raum aufspannt. Während von der Decke aus nach oben nur Spannfäden ziehen, dienen die nach unten ziehenden Fäden auch als Fangfäden: Sie sind in ihrem unteren Drittel mit Klebetröpfchen belegt. Durch diese Gewebekonstruktion kann Steatoda sowohl laufende als auch fliegende Beutetiere fangen.

Der **Fang einer laufenden Beute** geschieht folgendermaßen: Berührt z.B. eine Ameise einen der gespannten Fangfäden, bleibt sie daran kleben (Abb. 28). Ihre Befreiungsversuche lassen die Fäden am Boden abreißen. Die Ameise wird in die Höhe gezogen, gleichzeitig verheddert sie sich in weiteren Fangfäden. Steatoda eilt herbei, zieht mit ihren Vorderbeinen das Opfer an die Decke und befestigt es daran. Nun dreht sie sich um und »bewirft« ihr Opfer mit Klebesubstanz (Kap. 2.6.). Die Ameise ist nun vollständig wehrlos und wird durch Giftbiss getötet.

Fliegende Insekten bleiben in den oberen Spannfäden hängen und verstricken sich bei ihren Befreiungsversuchen immer mehr.

Mit Musik geht alles besser

Während der Balz erzeugen viele Spinnenmännchen Töne, mit denen sie sich den Weibchen als fortpflanzungsbereite Männchen zu erkennen geben. Meist streicht ein sklerotisierter Fortsatz (Plektrum) über ein Feld von Schrillleisten und erzeugt dadurch Zirplaute. Diese Art der Lauterzeugung nennt man **Stridulation**. Schrillleisten kommen bei Spinnenmännchen an verschiedenen Körperteilen vor. Bei den Männchen der Fettspinne Steatoda bipunctata sind sie am Hinterrand des Vorderkörpers ausgebildet. Kräftige Stacheln am Hinterkörper reiben über diese Rillen. Wenn das Männchen seinen Hinterkörper rasch auf und ab bewegt, entsteht ein für das menschliche Ohr schwach hörbares Geräusch. Die Hauptfrequenz liegt bei der Fettspinne bei 1000 Hertz. Auf die Stridulation des Männchens reagiert das Weibchen mit typischen Verhaltensweisen: es schlägt mit den Vorderbeinen, zittert und beginnt das Männchen zu suchen.

9. Schreck lass nach! - Die Spinne und der Mensch

Mensch und Spinne

Es gibt viele Zeugnisse dafür, dass der Mensch schon seit langer Zeit und in verschiedenen Kulturen ein besonderes Verhältnis zu Spinnen hatte.

Davon zeugt unter anderem eine **Felsmalerei** in der Gasula-Schlucht in der spanischen Provinz Castellon (Abb. 29). Diese Darstellung einer Spinne mit Fliegen stammt aus der Zeit von 10000 bis 5000 v. Chr. und wird als magische oder kultische Darstellung, auch als Jagdzauber gedeutet.

Die Minoer auf Kreta verwendeten vor etwa 4000 Jahren Siegel, auf denen Spinnen dargestellt sind. Auch auf prähistorischem Halsschmuck nordamerikanischer Indianer sind Spinnen dargestellt.

Das Verhältnis von Mensch und Spinne war und ist auch heute noch voller Widersprüche. Einerseits wird sie als **heiliges Tier** verehrt, als Seelentier darf sie nicht getötet werden, sie gilt als Glücksbotin, andererseits soll sie vom Teufel abstammen und für ihn Botendienste verrichten und gilt als schlechtes, unheilverkündendes Omen. Bei vielen Naturvölkern spielt die Spinne in der Mythologie eher eine positive Rolle. Bei uns dagegen überwiegen Angst und Ekel, und ihr plötzliches Erscheinen löst überraschende Reaktionen aus, wie folgender Zeitungsausschnitt belegt [2]:

Abb. 29: **Felsmalerei einer Spinne** (Gasula-Schlucht, Castellon, Spanien, 10 000-5000 v. Chr.).

Aus dem Polizeibericht

Pfui Spinne!

ROMMELSBACH. Im Verkehrsnetz einer Spinne sozusagen hat sich am Dienstag morgen eine Autofahrerin auf der Kreisstraße zwischen Rommelsbach und Metzingen verfangen. Das Tier seilte sich im Innenraum ihres Fahrzeugs ab, die Frau schlug ausgerechnet vor einer Rechtskurve nach ihm und überschlug sich anschließend selbst. Nichts weiter passiert. Aber Totalschaden: 8000 Mark. Ob's die Spinne überlebt hat, teilt die Polizei nicht mit.

9.1. Die Spinne als Ekeltier

Hitliste des Schreckens

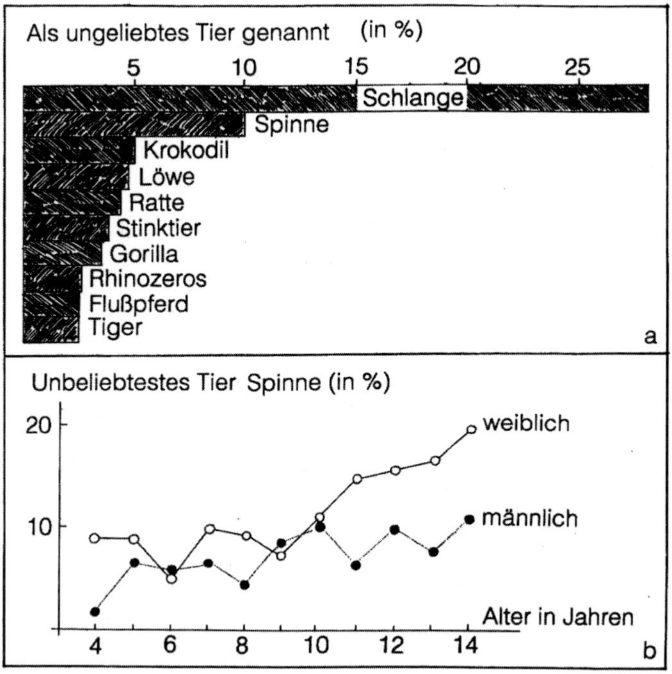

Abb. 30: **Die Spinne als Ekeltier** a: Ergebnis einer Umfrage: Welches Tier magst du am wenigsten?« b: Unterschiedliche Entwicklung der Abneigung vor Spinnen bei Jungen und Mädchen während der Pubertät.

Abb. 31: **Blasebalgspinne** zum »Leute-Erschrecken«.

In Großbritannien wurden rund 18000 Kinder gefragt: »Welches Tier magst du am wenigsten?« Das Umfrageergebnis (Abb. 30a) zeigt, dass Schlange und Spinne die Ekeltiere schlechthin sind.

Groß, schwarz und lange Beine

Eine andere Untersuchung ergab, dass bei Spinnen die Kombination der Merkmale »groß«, »schwarz« und »langbeinig« das **optimale Ekel-Auslöseschema** darstellt. Diese Merkmale finden sich auf Kinoplakaten zu Spinnenhorrorfilmen (Kap. 9.17.). Die Spinnen der Scherzartikelhersteller sind ebenfalls nach diesem Muster hergestellt - und einige lassen sich sogar noch mittels eines Blasebalgs bewegen (Abb. 31).

9.2. Warum hat man Angst vor Spinnen?

Die Angst vor Spinnen ist geradezu sprichwörtlich und weit verbreitet.

Hauptsächlich bei Frauen scheint eine Spinnenangst deutlich ausgeprägt zu sein. Aber auch die Vertreter des männlichen Geschlechts sind davon nicht ausgenommen, bei ihnen ist allerdings der soziale Druck größer, sich dem Objekt ihrer Furcht zu stellen (Abb. 30b). Außerdem macht es ja Spaß, die kleine Schwester mit einer Spinne zu erschrecken.

In der klinischen Psychologie sind echte Tierphobien sehr selten, d. h. nur etwa 3 % aller Phobien sind Tierphobien. Ekel und Angst, welche die meisten von uns für Spinnen empfinden, sind keine echten Phobien. Es handelt sich hier - in der Sprache der Psychologen - um »ein **angstvermitteltes Vermeidungsverhalten**, das in keinem Verhältnis zu der

Gefahr besteht, die von bestimmten Objekten oder bestimmten Situationen ausgeht« [3]. Ein solches Verhalten ist nach Meinung der Psychologen **erlernt**.

Unsere Angst und unser Ekel vor Spinnen sind also erlernt. Die Lernmechanismen jedoch sind sehr vielfältig: Beschäftigt sich Klein-Hänschen mit einer Spinne, wird er von den Eltern durch den Ausruf »Pfui Spinne!« verunsichert. Wiederholt sich das einige Male, so weiß Klein-Hänschen, dass mit Spinnen wohl nicht zu spaßen ist.

Später durchleidet er zusammen mit der BIENE MAJA ihre Gefangenschaft bei der »grauenhaft kaltblütigen« Spinne Thekla und versteht dann auch die Warnung, die Maja mit auf den Weg gegeben wurde:

»Hüte dich vor dem Netz der Spinne, in ihrer Gewalt erleiden wir den grausamsten Tod. Sie ist herzlos und tückisch und läßt niemanden wieder frei« [4].

Spätestens dann hat Hänschen seine Lektion gelernt, die auch Hans nicht mehr vergisst. Dann erst werden Filme wie *Mörderspinnen* oder *In den Fängen der Todestarantel* richtig gruselig (Kap. 9.17.). Auch SNOOPY wird auf diese Weise nahezu klassisch konditioniert (Abb. 32).

Abb. 32: **SNOOPY wird die Spinnenangst anerzogen.** © 1951, United Feature Syndicate, Inc.

Abb. 33: **Vogelspinnenorakel** im Grasland von Kamerun (Afrika).

9.3. Das Spinnenorakel

Die Spinne gilt bald als gutes, bald als schlechtes Omen. Ob sie **Gutes oder Böses** bedeutet, hängt oft von der Zahl der Spinnen, der Tageszeit, der Färbung und der Laufrichtung ab: »Eine bringt Sorgen - zwei machen froh - drei künden Hochzeit - vier den Tod.«

Begegnet man Spinnen am Morgen oder Mittag, bedeutet das selten etwas Gutes. Am Abend dagegen ist die Spinne ein ausgesprochenes Glücksomen: »Spinne am Morgen bringt Kummer und Sorgen - Spinne am Abend erquickend und labend (auf Französisch: araignée du soir, bon espoir)« [5].

Läuft die Spinne an einem herum, bedeutet das Unglück, läuft sie aber dreimal über die Hand, bedeutet es Glück. Läuft die Spinne über das Bett eines Kranken, zeigt sie dessen Tod an. Setzt man sie auf den Bettstollen eines Sterbenden, verrät sie aus der Laufrichtung, ob der Verscheidende ein Erbe besitzt und wo es versteckt ist. Im Erzgebirge ruft man den Spinnen zu: »Bringst du Glück, so bleibst du stehen, bringst du keins, so kannst du gehen« [6].

9.4. Das Orakel aus der Erde

Im Grasland von **Kamerun** (Afrika) gilt die Spinne als sehr weises Tier. Deshalb werden Plätze, an denen Vogelspinnen leben, gesäubert und mit einem Zäunchen umgeben. Die Öffnung der Wohnröhre wird mit einer Matte geschützt (Abb. 33).

Als Orakeltiere werden sie in allen Schicksalslagen, aber auch in praktischen Dingen des täglichen Lebens um Rat gefragt. Durch Futter angelockt, lässt man sie über kleine Karten aus Blättern laufen, welche von der Spinne durcheinandergebracht werden. Aus der Lage der Karten liest der Zeremonienmeister Rat und Entscheidungshilfen heraus. Als Symbol der Weisheit ist die Spinne an Hütten gemalt, in die Kleider der Vornehmen eingenäht und auf Stühle geschnitzt. Da die Vogelspinnen wie die Toten unter der Erde leben, stehen sie auch mit diesen in Verbindung. Deshalb sind sie auch auf Masken dargestellt, die bei Totengedenkfesten getragen werden (Abb. 34). Die Eingeborenen nennen die Vogelspinne »ngam nsi«, das bedeutet: das Orakel (= ngam) aus der Erde (= nsi).

9.5. Die clevere Spinne

Von den geistigen Fähigkeiten der Spinnen hat der Volksglauben eine gute Meinung. Wirft man Spinnen aus dem Fenster, sind sie am nächsten Morgen wieder in ihrem Eck, denn »sie kennen ihre Heimat« [6].

Auch der Fleiß der Spinne wird in einigen Sprichwörtern und Redensarten gerühmt: »Die Spinne webt ihr Netz nicht blos zum Zeitvertreib.« - »Wöbe die Spinne kein Netz, so finge sie keine Fliegen« und »Die fleissige Spinne hat ein grosses Gewebe«, aber auch »Wie die Spinne, so die Fäden« [7].

9.6. Die Spinne und das Feuer

In **afrikanischen Märchen** spielt die Spinne die Rolle des schlauen Fuchses, und ihr Orientierungssinn gilt als unbeirrbar. Auch bei uns erweist sich die Spinne in vielen Legenden und Sagen als Menschenfreund.

Abb. 34: **Tanzmaske** aus dem Grasland von Kamerun (Afrika) mit Vogelspinnenmotiv.

Eine Sage erzählt, wie die Menschen in Besitz des Feuers kamen: »In alten Zeiten gab es auf Erden nur einen König; dem waren nicht nur die Menschen, sondern auch alle Tiere untertan. Damals hatte man noch kein Feuer und mußte nach Sonnenuntergang im Dunkeln weilen und frieren. Man wußte wohl, dass in den Tiefen der Hölle Feuer sei, aber niemand wagte, es von dort zu holen. Da versprach der König, dass der, der ihm Feuer aus der Hölle schaffen würde, mit seinen Kindern und Kindeskindern für ewige Zeiten umsonst an allen Tischen sollte essen dürfen, und niemand dürfe es ihm wehren. Nun versuchten es viele, das Feuer zu erlangen, fanden aber alle dabei ihren Tod. Zuletzt ließ sich die Spinne an ihrem Faden hinab, und es gelang ihr, den Brand zu entwenden und wieder die Oberwelt zu erreichen. Dort schlief sie ermüdet ein. Die Fliege, durch den Geruch aufmerksam gemacht, stahl der Schläferin das Feuer, brachte es dem König und erhielt urkundlich den verheißenen Lohn. Die Spinne suchte nach ihrem Erwachen umsonst das Feuer, niemand wollte ihr glauben, daß sie es aus der Hölle gebracht hatte, und auch der König wies sie ab, da sie ihre Behauptung nicht beweisen konnte. Zuletzt versammelte sie alle Spinnen und forderte sie, da sie allesamt in ihr bestohlen und betrogen seien, zu gemeinsamer Rache an dem ganzen Fliegengeschlechte auf. Sie beschlossen, Netze zu spinnen, in ihnen alle Fliegen zu fangen und jeder, die sie erwischen würden, den Kopf abzubeißen. Das tun sie bis zum heutigen Tage, aber die Fliegen haben das Recht, an allen Herrentischen zu essen« [8]. Diese Sage erklärt auch die Feindschaft zwischen Spinnen und Insekten (Kap. 6.)

9.7. Die Spinne und das Geld

In England wird eine kleine, golden gefärbte Spinne »**money spider**« genannt. Schwingt man eine solche »Geldspinne« dreimal um den Kopf und steckt sie dann in die Tasche, wird sich diese bald mit Geld füllen.

Bei uns hielt sich lange Zeit der Glaube, dass sich Spinnen nach einer gewissen Zeit in Gold oder Edelsteine verwandeln würden, wenn man sie in einer Schachtel gefangen hielte.

Aus anderen Gründen wurden in der Picardie Spinnen in Schachteln eingesperrt: Wenn man wartete, bis die Spinne zu Staub zerfallen war und diesen auf Spielkarten streute, sollte man Glück im Spiel haben.

9.8. Spinnensteine

Einem anderen Glauben zufolge schloss man sieben Jahre lang eine große, alte Kreuzspinne in einer Schachtel oder einem Glas ein. Während dieser Zeit verzehre sich die Spinne selbst und verwandle sich in einen grauen, gesprenkelten Stein - den Spinnenstein. Diesen Stein solle man, in einen Ring gefasst, stets bei sich tragen, denn er schütze vor Gift, weil er seine Farbe verändere und sich wie mit Wolken überzöge, wenn er in seiner Nähe Gift verspüre. Außerdem sei er selbst sehr giftig: Wer ihn verschlucke, müsse sofort sterben. Man konnte Spinnensteine auch herstellen, indem man eine große Kreuzspinne mit Salz, Zucker oder gestoßenem Baldrian bestreute.

9.9. Fiel die Spinne in den Brunnen ...

Im Mittelalter galten Spinnen als giftig.

Das Gift saugten sie angeblich aus Blumen. Speisen, die Spinnen berührten, galten als vergiftet. Dem Tode geweiht war, wer mit dem »Saft der Spinnen« in Berührung kam. Fiel eine Spinne ins Wasser, musste es ausgeschüttet werden, da es von der Spinne vergiftet worden sei. Andererseits hieß es aber auch, dass die Spinne alles Gift an sich zöge und aus allem Gift sauge. In Ställen wurde sie daher gern gesehen, weil sie das Vieh vor Krankheit bewahre, indem sie giftige Stoffe aus der Luft zöge.

Im 17. Jahrhundert wurden Gifttränke aus einem Gemisch von Spinnen und Wein bereitet. Rösel von Rosenhof berichtet von einem vergeblichen Mordanschlag mittels einer Spinne: »Ein Mägdelein, welches durch den Tod ihrer reichen Base glücklich werden sollte, suchte solchen dadurch zu befördern, daß sie der alten Frauen öffters, so wohl im Essen als Trinken, Spinnen beybrachte; als aber dieses nichts helffen wollte, gab sie ihr wirklich heimlicher Weise Gifft; ihre Missethat aber suchte sie zugleich dadurch zu verbergen, daß sie in ihr Trinkgeschirr eine grosse Spinne warf; als aber der Gifft zu wirken anfieng, und ein Arzt zu Hülffe geruffen wurde, dem man die Spinne zeigte von welcher die Frau sollte seyn vergifftet worden, hatten die von ihm verordnete Mittel so gute Wirkung, daß die Frau wieder genas« [9].

9.10. Der heilige Konrad und die Spinne

Aus dem Glauben heraus, dass **Speisen**, die mit Spinnen in Berührung kommen, vergiftet seien, ist eine Legende vom heiligen Konrad von Konstanz zu verstehen, die damals alle Beteiligten in höchstem Maße erregte: »Als nach der Wandlung Konrads Meßkelch kurze Zeit unbedeckt auf dem Altar stand, fiel plötzlich eine große Spinne in das Gefäß mit dem heiligen Blut. Die Umstehenden erblaßten, als sie sahen, dass Bischof Konrad, da der Augenblick dazu gekommen war, ohne das geringste Zögern das heilige Blut genoß, ohne des giftigen Tieres zu achten, das darin lag. Wie gewohnt, begab sich Konrad dann zusammen mit seinen Mitbrüdern zum Mittagsmahl, saß jedoch eine Zeitlang da, ohne Speise zu sich zu nehmen. Scherzend sagt er zu seinem Tischgenossen: 'In Bälde erwarte ich noch einen Gast'. Und siehe da - Konrad neigte sich zum Tisch nieder, und da lag schon die Spinne, die im Manne Gottes weder hatte sterben, noch den Tod bringen können« [10].

9.11. Die Spinne als Fluchthelfer

In vielen geschichtlichen Anekdoten hilft die Spinne Flüchtlingen, die sich vor ihren Verfolgern in einer **Höhle** verstecken: Eine Spinne spinnt vor dem Versteck ein Radnetz. Die Verfolger finden das unbeschädigte Gewebe und kommen zu dem Schluss, dass die Gesuchten sich nicht in der Höhle befinden können, weil sie das Gewebe zerstört hätten, wenn sie darin Zuflucht gesucht hätten. Auf diese Weise konnten Mohammed und David ihren Verfolgern entwischen. In anderen Legenden wird Jesus durch ein Spinnengewebe vor seinem Versteck gerettet. Auch die Helden in dem Film Der Tiger von Eschnapur können auf diese Weise kurzfristig ihren Verfolgern entgehen.

In der Nähe von Vöslau in Österreich ist eine große in die Tiefe reichende Erdhöhle. Dort suchten im Jahre 1683 während der großen Türkennot Flüchtlinge Schutz und wurden nicht entdeckt, weil eine Kreuzspinne den Eingang mit ihrem Netz bedeckt hatte.

9.12. Frau und Spinne

Eine bestimmte Frauengruppe wird immer wieder mit Spinnen in Verbindung gebracht. Spinnen gelten als **Hexentiere**, die entsprechend ihrer dualistischen Rolle mal Gutes tun oder Unheil bedeuten.

In der Oberpfalz soll die Spinne als Hexentier die Geburt verhindern. In einer Tiroler Sage verwandelt sich eine Spinne in eine wunderschöne Frau und erweist sich gegenüber einer hilfsbereiten Bäuerin als wohltätig. Die Verwandlung von Frauen in Spinnen oder umgekehrt ist ein oft wiederkehrendes Sagenmotiv, das schon in der griechischen Mythologie zu finden ist: **Arachne**, eine lydische Weberin aus Kolophon, hatte sich durch ihre Kunst im Weben großen Ruhm erworben. »Als sie aber einst ihr Können über das der Pallas stellte, erschien ihr die Göttin in Gestalt einer alten Frau und warnte die Frevlerin. Diese aber entgegnete ihr so dreist, dass Athene auf den Wettkampf dringt ... Pallas wirkt in ihr Gewebe die olympischen Götter in ihrer ganzen Majestät und zu nochmaliger Warnung Beispiele von strenger Strafe menschlicher Überhebung. Arachne dagegen stellt die Liebesabenteuer des Zeus, Poseidon, Apollon, Bakchos, Kronos dar. Über diesen Hohn entrüstet und zugleich wegen der Vortrefflichkeit der Ausführung neidisch zerreißt die Göttin das Gewebe ihrer Nebenbuhlerin und schlägt ihr die Spindel vor die Stirn. Arachne will sich erhängen, aber Athene verdammt sie hängend weiter zu leben und verwandelt sie in eine Spinne« [11].

9.13. Altweibersommer

Eine fast regelmäßige wiederkehrende Schönwetterperiode Ende September bis Anfang Oktober wird als Altweibersommer bezeichnet. In dieser Zeit finden viele Spinnen geeignetes Wetter für ihren **Fadenflug** (vgl. Kap. 7.2.). Die in der Luft schwebenden Spinnfäden werden auch Altweibersommer genannt.

Einer katholischen Legende zufolge sind diese Fäden die letzten Reste des Schleiers, der Maria bei ihrer Himmelfahrt entfiel und vom Wind zerrissen wurde. Man nennt sie deshalb auch Marienfäden oder **Marienseide**. Neben der Jungfrau Maria werden viele andere Gestalten aus der Mythologie für die Fäden des Altweibersommers verantwortlich gemacht: Elben, Zwerge, Frau Holle und die Metten. In der schwedischen Mythologie stammen diese Fäden von den schicksalsspinnenden Nornen ab.

9.14. Die Spinne und das Kreuz

Wegen der kreuzförmigen Zeichnung auf ihrem Hinterkörper genießt die **Kreuzspinne** ein hohes Ansehen (Abb. 23). Vielfach wird sie für heilig gehalten. In Tirol nennt man sie auch »Muttergottestierchen«.

Eine französische Legende berichtet, wie die Kreuzspinne zu ihrem Kreuz kam:

»Als Jesus auf dem Kalvarienberge mit dem Tode rang, sah eine Spinne seine Glieder mit Fliegen bedeckt, erbarmte sich seiner Qualen und ging daran, ein Netz um seine schmerzenden Füße zu ziehen. Nach dieser guten Tat zieht sich die mitleidige Spinne an das Ende eines Fadens zurück.

Aber wie sie sich entfernt, zeichnet sich plötzlich der Schatten des Kreuzes auf ihrem Körper ab, so weiß wie eine Lilie, und die Gartenkreuzspinne hat ein solches immer behalten« [8].

9.15. Teufel und Spinne

In vielen Sagen wird die Spinne mit dem Teufel in Verbindung gebracht. Eine bulgarische Sage erzählt: »Als die Geister, die sich gegen Gott empört hatten, von diesem aus dem Himmel vertrieben wurden, blieb einer in der Luft hängen und wurde zu einer Spinne« [6]. Daher soll der Mensch, wenn er eine Spinne sieht, sie töten, denn er sündigt, wenn er Gottes Feinde leben lässt.

In slawischen Mythen verrichtet die Spinne Botendienste für den Teufel.

Abb. 35: Illustration aus der Erzählung **Die Schwarze Spinne** von Jeremias Gotthelf.

9.16. Die Schwarze Spinne

Jeremias Gotthelf hat in seiner 1842 erschienenen Erzählung *Die Schwarze Spinne* drei alte Sagenstoffe mit einer Rahmenhandlung meisterhaft verflochten. Es sind dies die Sagen vom geprellten **Teufel**, von der verpflockten **Pest** und von der Spinne als Pest- und Todesbotin.

Die Menschen im Emmental nehmen in ihrer - durch ihren Herrn herbeigeführten - Not die Hilfe des Teufels an. Sie versuchen aber, ihn um seinen geforderten Lohn (ein ungetauftes Kind) zu prellen. Aus einem Mal auf der W ange einer Frau, das von einem Kuss des Teufels herrührt, mit dem der Pakt besiegelt wurde, entstehen viele kleine schwarze Spinnen (Abb. 35):

»Da war es Christine, als ob das Gesicht ihr platze, als ob glühende Kohlen geboren würden in demselben, lebendig würden ... Da sah sie in des Blitzes fahlem Scheine langbeinig, giftig, unzählbar schwarze Spinnchen laufen über ihre Glieder, hinaus in die Nacht ...« Jeder, der mit der

Spinne in Berührung kommt, erkrankt an der Pest. »Auf dem Fuß aber saß schwarz und groß die Spinne und glotzte giftig und schadenfroh in die Runde ... und der Fuß ward schwarz, und im Leibe war's als kämpfe zischend Feuer mit Wasser«.

Einem »frommen Weibchen« gelingt es schließlich, die Spinne in einem Loch im Balken ihres Hauses mit einem Zapfen einzuschließen: »Unter tausendfachen Todesschmerzen drückte sie mit der Hand die Spinne in das bereitete Loch, mit der anderen den Zapfen davor und schlug mit dem Hammer ihn fest« [12].

Die Spinne als giftiges, **dämonisches Wesen**, das Schrecken, Krankheit und Tod verbreitet, hat die Fantasie von vielen Autoren angeregt. Als weitere Beispiele aus der Literatur sollen genannt werden:

Hanns H. EWERS: Die Spinne - in: EWERS, Hanns H.: Die Besessenen. - 29. Auflage. München: G. Müller, 1918.

Delphi FABRICE: Die rote Spinne. - Berlin: Langenscheidt, 1905.

Stephen KING: ES. - München: Heyne, 1986.

J. R. R. TOLKIEN: Der Herr der Ringe. Zweiter Teil: Die zwei Türme. Stuttgart: Klett-Cotta, 1979.

Louis WEINERT-WILTON: Die weiße Spinne. - 8. Auflage. München: Goldmann (Rote Krimi, Nr. 2), 1978.

H. G. WELLS: Das Tal der Spinnen. In H. G. WELLS: Der Apfel vom Baum der Erkenntnis. Berlin: Ullstein, 1982.

Ein Buch von Heinrich HARRER, mit dem Titel Die weiße Spinne hat mit Spinnen allerdings nichts zu tun. Es handelt von der Bezwingung der Eiger-nordwand. Dort heißt ein Eisfeld »Die weiße Spinne«.

9.17. Die Spinne in Hollywood

Die Rolle des **Gruselmonsters** musste die Spinne oft auch in Filmen spielen - nicht nur in Hollywood. Davon zeugen Filme wie *Arachnophobia* (USA 1990), *Die Mörderspinnen* (USA 1977), *In den Fängen der Todestarantel* oder *Angriff der Riesenspinne* (USA 1975). Vorurteile der Zuschauer über die Gefährlichkeit großer Spinnen lassen eine gruselige Atmosphäre entstehen. Der ängstliche Zuschauer denkt: »Je größer, um so gefährlicher« und bewundert den Mut des männlichen Helden, der Frauen und Kinder vor Spinnen rettet (vgl. Kap. 9.2.). Gerade die großen Vogelspinnen, die in solchen Filmen eine Hauptrolle spielen, sind für den Menschen meist harmlos (Kap. 6.4.).

Das Gleiche gilt für Filme, in denen mit den Größenrelationen »gespielt« wird. In Tarantula (USA 1955) bedrohen mutierte **Riesenvogelspinnen** die Menschheit. Der immer kleiner werdende Mr. C. (*Die unglaubliche Geschichte des Mr. C.*, USA 1957) kämpft mit einer Spinne um sein Leben.

Abb. 36: **GARFIELD** scheint kein Freund von Spinnen zu sein. © 1989, United Feature Syndicate, Inc.

Abb. 37: **SPIDER-MAN**, der Kämpfer für Recht und Ordnung, auf dem Weg zum nächsten Abenteuer. © 1988, Marvel Entertainment Group, Inc.

9.18. Die Spinne im Comic

Tim und Struppi, Garfield, Gaston ...

Auch Comic-Helden müssen im Kampf gegen Spinnen ihren Mann stehen. TIM UND STRUPPI werden auf einer geheimnisvollen Insel von einer immer größer werdenden Spinne bedroht [13]. GARFIELD scheint Spinnen auch nicht besonders zu mögen (Abb. 36) [14] und GASTON versetzt mit einer vermeintlichen Spinne nichtsahnende Passanten in Angst und Schrecken [15]. Von SNOOPYs Erfahrungen mit Spinnen wurde schon berichtet (Kap. 9.2., Abb. 32).

Spider-man

»Der Student Peter Parker wird während einer Physik-Vorlesung von einer Spinne gebissen, die zuvor intensiver radioaktiver Strahlung ausgesetzt war. Schon bald muss er feststellen, daß die proportionalen Kräfte und Eigenschaften des Tieres auf ihn übergegangen sind: Außergewöhnliche Stärke, ungeheuer schnelle Reflexe und ein sechster Sinn retten ihn aus jeder Gefahr« [16]. Ausgestattet mit einer Geheimidentität und in sein rotes Spider-man-Kostüm gekleidet, kämpft er im Großstadtdschungel gegen das Böse in der Welt. An seinen Handgelenken besitzt er Spinndrüsen, aus denen er Spinnfäden und Fangnetze schießen kann. An diesen Fäden schwingt sich Spiderman als »Großstadt-Tarzan« durch die Luft (Abb. 37).

9.19. Die Spinne im Kinderbuch

In Kinderbüchern kommen Spinnen nur selten vor. Wenn sie Hauptfigur sind, werden sie als **böse** und hinterhältig charakterisiert, so wie die Spinne Thekla in der BIENE MAJA (vgl. Kap. 9.2.). Nur in sehr wenigen Kinderbüchern ist die Spinne eine **positive** Figur. Als Gegengewicht zur Biene Maja sollen zwei Kinderbücher genannt werden, in denen Spinnen positive Charaktere sind:

E. CARLE: Die kleine Spinne spinnt und schweigt - 3. Auflage; - Hildesheim: Gerstenberg, 1987

E. KÜHN: Die Abenteuer der Spinne Seraphina - Stuttgart: Urachhaus, 1986

Der Zwerg Wurzelputz

Der Zwerg Wurzelputz hilft der verletzten Kreuzspinne Eulalia. Als er sich verabschieden möchte, hält sie ihn zurück und spricht: »Du hast mir das Leben gerettet. Zum Dank schenke ich dir dieses kleine Netz, das eine große Kraft besitzt. Trage es von nun an immer bei dir. Und wenn du einmal in Gefahr kommst, dann wirf es dir über den Kopf und sprich: Si, So, Su, Netz hilf Du, deck mich zu, daß mir niemand Leid antu! Dann wirst du unsichtbar werden und niemand kann dir etwas anhaben« [17]. Wurzelputz erlebt dank seines **Tarnnetzes** unbeschadet viele Abenteuer.

Jugendsachbücher zum Thema Spinnen (z.B. LANE 1982, SCHNIEPER & MEIER 1986, SIELMANN 1983) siehe Kap. 13.1.

9.20. Die Spinne im Witz

Im Witz und in der Karikatur ist das Spinnengewebe - meist ein Radnetz - **Symbol für lange Zeitspannen**, in denen nichts passiert, sodass die Spinne Gelegenheit hatte, ihr Netz zu bauen.

Wenn jemand Dinge mit den Worten »Völlig neu« zum Verkauf anbietet, diese aber mit Spinnweben überzogen sind, sollte dies Anlass zum Nachdenken sein (Abb. 38).

»Doch, doch, garantiert ganz frisch!«

Abb. 38: **Die Spinne im Witz**: Spinnennetze als Anzeichen für etwas abgestandene Ware.

9.21. Die Spinne als Wetterfrosch

Spinnen gelten auch als Wetterpropheten: Wenn die **Kreuzspinne** mitten in ihrem Netz sitzt oder fleißig daran webt, ist es ein Zeichen von schönem Wetter. Verlässt sie ihr Netz und seilt sich auf den Boden ab, gibt es Regen. Zerreißt sie sogar ihr Netz, gibt es Sturm.

In Böhmen beginnt es zu regnen, wenn man eine Kreuzspinne tötet. Andernorts schützt sie vor Hagel. Webt eine Spinne ihr Netz in der Nähe des Ofens, steht Frost bevor. Spinnt sie ein Netz nahe am Fenster, beginnt es zu tauen.

Gerade die Rolle der Spinne als Wetterprophet hat sich in einer Reihe von Redensarten niedergeschlagen [7]:

»Wenn die Spinnen im Regen spinnen,
wird er nicht lange rinnen.«

»Wenn die Spinnen nicht weben, wird's Wetter sich wenden,
weben sie beim Regen, wird bald er enden.«

»Wenn die Spinnen weben im Freien,
kann man sich lange schönen Wetters freuen.«

Auch der Bauer erfährt, wann es günstig ist, die Saat auszubringen:
»Wenn die Spinn' den Boden bespannt,
kommt der Bauer mit dem Samen gerannt.«

9.22. Guten Appetit! - Spinnen im Kochtopf

Von vielen Völkern wird berichtet, dass sie Spinnen als **Leckerbissen** schätzen. Rund um den Erdball werden sie gegessen: am Orinoko, auf den Karibischen Inseln, in Afrika, auf Madagaskar, in Thailand, in Australien und in Neukaledonien. Spinnen werden entweder roh, gekocht in Ragouts oder gebraten verzehrt. Der englische Spinnenkundler BRISTOWE berichtete, dass in **Laos** hauptsächlich die Seidennetzspinne *Nephila pilipes* und die Vogelspinne *Cyropagopus albostriatus* gegessen wurden. Er probierte die gängigen Rezepte und fand, dass der Hinterkörper der Seidenspinne geröstet und in Salz getunkt, keinen unangenehmen Geschmack habe, der ihn »an rohe Kartoffeln und an gemischten Salat« erinnerte. Bei der Vogelspinne »werden die Cheliceren entfernt und die Spinne wird an einem Stock geröstet. Die ganze Spinne wird dann mit Salz oder in Scheiben geschnitten mit Chili gegessen. Der Geschmack erinnerte mich an das Mark von Hühnchenknochen« [18]. Diese Vogelspinne, so ergab eine Analyse, hat einen Eiweißgehalt von 63,4 % und einen Fettgehalt von 9,8 % .

Haselnussgeschmack

In **Europa** gilt das Essen von Spinnen als Kuriosum oder gar als Mutprobe. Der Naturforscher Denis Bernard QUARTERMERE-DISJONVAL erzählt von einem französischen Astronomen [19] folgende Anekdote: »Herr Delalande aß ... alle Samstage bei mir zu Nacht. Oft kam er schon unmittelbar von der Akademie der Wissenschaften zu mir, und fand, wenn es gerade die Jahreszeit mit sich brachte, und das Essen noch nicht aufgetragen war, keine angenehmere Speise, als Raupen. Da mein Zimmer gerade mit einem ziemlich hübschen Garten zusammenhing, so fand er ihrer leicht soviel, als nöthig war, um seinen ersten Hunger zu stillen. Aber Madame Disjonval that nicht gerne etwas halb. Samstags Nachmittags sammelte sie schon eine gewisse Anzahl von Raupen, und ließ sie ihm gleich bei seiner Ankunft vorsezen. Da ich ihm immer meinen Anteil an dießem Ragout überlassen, so kenne ich nur vom Hörensagen den Unterschied des Geschmacks zwischen einer Spinne und einer Raupe: Die erstere, behauptet unser Astronom, hat einen vortrefflichen Haselnussgeschmack; die andere schmeckt genau wie der Kern aus Steinobst.«

Um zu zeigen, wie bekömmlich Spinnen sind, führt QUARTERMERE-DISJONVAL das Beispiel der Anna Maria Schurman [20] an, welche »für das trefflichste Genie ihres Geschlechtes galt: »Diese Jungfer Schurmann, wie fast alle Genies, hatte einen sehr zarten Körper. Sehr viele Speisen und Getränke konnte sie nicht vertragen; besonders waren ihr alle Gattungen von Wein schädlich, aber sie aß mit der größesten Begierde, und mit dem besten Erfolge alle Arten von Spinnen« [21]. Sie selbst entschuldigte ihre Lust damit, indem sie sagte, sie sei unter dem Zeichen des Skorpions geboren.

Landaustern und Bouillon-Kugeln

Beide nimmt Dr. Katzenberger, der Protagonist in Jean PAULs Erzählung Dr. Katzenbergers Badereise, zum Vorbild. Er »hatte nämlich, zufolge allgemein-bestätigter Erfahrungen und Beispiele, z.B. de la Lande's und sogar der Demoiselle Schurmann ..., im ganzen Wirtshause (dem Kellner schlich er deshalb in den Keller nach) umhergestöbert und -gewittert, um fette runde Spinnen zu erjagen, die für ihn (wie für das obengedachte Paar) Landaustern und lebendige Bouillon-Kugeln waren, die er frisch aß« [22]. Heutzutage spielen Spinnen als Nahrungs- oder Genussmittel bei uns nur noch in Form von **»Gummibärchen-Spinnen«** eine gewisse süße Rolle.

9.23. Die Spinne als Medizin

Der Volksglaube schreibt der Spinne allerlei **Heilwirkung** zu: Mit Öl, gedörrt oder als Pulver eingenommen oder ganz verschluckt soll sie gegen Vergiftungen, Schwindsucht, Blattern, Gelbsucht, Rheumatismus, Keuchhusten und gegen Fieber helfen. Die gleiche Wirkung erziele man, wenn man Spinnen in einer Nussschale, einer entkernten Pflaume, in einem Fingerhut oder Beutelchen bei sich trage. Gegen Fieber sollen auch Spinnweben helfen, die man auf ein Butterbrot mit Zucker legt, oder mit einem Gemisch von Roggenbrot, Honig, Salz und Weinessig einnimmt. Blutende Wunden sollen durch das Auflegen von Spinnweben gestillt werden. Zur

Linderung von Koliken gab man Kindern Spinnweben mit einem Omelette zu essen.

Auf der Halbinsel Kamtschatka wurden Spinnen von unfruchtbaren Frauen gegessen, weil sie glaubten, dadurch wieder fruchtbar zu werden. In Brasilien herrscht der Glaube, dass bestimmte Spinnen starke **Aphrodisiaka** seien.

In der Deutschen Apotheker Zeitung (Nr. 48, 30.11.1989) wird ein vom Bundesgesundheitsamt registriertes homöopathisches Arzneimittel vorgestellt, zu deren Herstellung »die ganze, lebende Vogelspinne *Avicularia avicularia*« verwendet wird. Die aus der Spinne hergestellte Tinktur soll in Form von »flüssigen Verdünnungen, Tabletten, Verreibungen, Streukügelchen« bei »Muskelzuckungen« helfen.

9.24. Indianer und Spinnen

Vielen Indianerstämmen gilt die Spinne als **gütiges**, ihnen wohl gesonnenes Tier. Den Irokesen brachte sie Feuer, die Schoschonen lehrte sie weben. Bei vielen anderen Stämmen war die Spinne an der **Erschaffung der Welt** beteiligt. Das Spinnengewebe bildet gleichsam eine Brücke zwischen Himmel und Erde, die Verbindung zwischen Gott und den Menschen. An einer solchen »Strickleiter« kletterte auch der altmexikanische Medizinmann Tezcatlipoca vom Himmel herunter, um die Regierung Quetzalcoatls zu stürzen. Auch die Erde als unseren Wohnplatz verdanken wir einer Spinne: »Als nämlich der Erddoktor der Pimas nach der Erschaffung der Erde auch noch einen Himmel über derselben bilden wollte und dies auch wirklich fertigbrachte, fand er aus, daß die Erde beständig hin und her schaukelte und mithin für einem Wohnplatz schlecht geeignet war; da erschuf er eine graue Spinne und befahl ihr die Erde mit den Himmel durch ein Gewebe zu verbinden. Dieselbe tat auch, wie geheißen, und seit dieser Zeit bewegt sich die Erde nicht mehr« [23].

Nach einer Sage der Schwarzfußindianer hatte ein Mann keinen Bogen, und seine Familie musste hungern. In einem Traum wurde ihm geraten, ein großes Spinnengewebe auf die Fährte der Tiere zu legen, dann würden sie daran hängen bleiben. Der Rat hatte die erwünschten Folgen. Mit einem Spinnennetz fing dieser Mann auch später seine untreue Gattin. Ob es sich hier um einen Vorfahren von Spiderman (Kap. 9.18.) handelte, ist unklar.

9.25. Die Spinne, der Tanz und die Musik

Zwischen dem 13. und 18. Jahrhundert grassierte in der italienischen Landschaft Apulien eine **merkwürdige Krankheit**, die jahrhundertelang das Interesse von Ärzten, Naturforschern und Laien wach hielt und Gegenstand kontroverser Diskussionen war.

Während der heißesten Tage im Jahr fielen zumeist kräftige junge Männer während der Feldarbeit wie vom Blitz getroffen zu Boden und klagten in der Folge über Schwindel, Magenschmerzen, Übelkeit, Durst und Appetitlosigkeit, litten unter Herzbeklemmung und starker Atemnot. Bei entsprechender Behandlung erholten sich die meisten im Laufe einiger Tage. Doch in den folgenden Jahren erlitten viele der Betroffenen - oft um die gleiche Zeit - Rückschläge, daher waren vorbeugende Maßnahmen dringend angeraten.

Seltsam waren die Symptome, seltsamer noch die Therapie: Musiker spielten einem Kranken so lange Musik vor, bis sie eine zum Temperament des Kranken passende Weise fanden. Wurde das rechte Stück getroffen, erhob sich der Kranke und begann zu tanzen. Diese Tänze konnten sich über mehrere Tage erstrecken (Abb. 39). Als Ursache der Krankheit galt der **Biss der apulischen Tarantel** (*Lycosa tarantula*), einer 3 cm großen Wolfspinne, die in Erdröhren wohnt (Abb. 40). Die Krankheit wurde nach ihr »Tarantismus«, die Opfer »Tarantati« und die Musikstücke **»Tarantella«** genannt.

Im Laufe der Zeit entwickelten sich aus den ursprünglich therapeutischen Heiltänzen richtige Volksfeste, bei denen immer stärker Frauen in den Vordergrund traten. Man nannte diese Feste dann **»carnevaletti delle donne«**.

Sie hatten mit den ursprünglichen Heiltänzen nicht mehr viel gemein, auch die Bedeutung hatte sich geändert. Davon zeugen Liedtexte wie: »Wohin biss dich die kleine Tarantel? - Unter die Fransen des Rockes!« oder »Es war nicht die Tarantel, weder groß noch klein! - Es war aus dem Fläschchen der Wein!« [24].

Spätestens zu diesem Zeitpunkt war klar, dass bei diesen Tänzen nicht nur Kranke, sondern auch andere Personen tanzten. Dies veranlasste wiederum Kritiker, den Tarantismus als Scharlatanerie von Simulanten, Bettlern und Betrügern abzutun. Gleichzeitig kamen Zweifel an der Giftigkeit der Tarantel auf. 1693 besorgte sich ein neapolitanischer Arzt, der nicht an die Giftigkeit der Taranteln glauben wollte, welche aus Apulien und ließ sich im Beisein von Zeugen von zweien beißen. Es traten keine Tarantismus-Symptome auf. Für ihn war das der Beweis, dass der ganze Tarantismus Schwindel sei. Die Verfechter des Tarantismus behaupteten, dass die Taranteln außerhalb Apuliens eben ihre Giftigkeit verlören und sowieso nur im Sommer, wenn die Sonne die Felder Apuliens verbrenne, am giftigsten seien. In der Folgezeit bestätigten mehrere Selbstversuche die Harmlosigkeit der Tarantel.

Abb. 39: Der Tarantismus: Tanztherapie gegen vermeintliches Spinnengift. Tanzszene nach einem historischen Stich.

Untersuchungen in unserem Jahrhundert konnten den Ruf der Tarantel als Verursacher des Tarantismus nicht bestätigen. Ihr **Biss** ist für den Menschen **harmlos**! Die apulische Tarantel war also nicht die Ursache des Tarantismus.

Warum kam die harmlose Tarantel in den Verdacht, diese Krankheit auszulösen? Im 13. Jahrhundert wurde in Apulien damit begonnen, die Wälder radikal abzuholzen; Landschaft und Klima veränderten sich, Hitze und Trockenheit prägen seither das Klima. Von der Lieblichkeit der apulischen Landschaft, die Friedrich II. noch pries, war nichts mehr geblieben. Infolge der geänderten Umweltbedingungen fand die apulische Tarantel günstige Lebensbedingungen und konnte sich stark ausbreiten. Da Spinnen als Gifttiere bekannt und gefürchtet waren und die damals bekannten Symptome von Giftbissen mit den Symptomen des Tarantismus nahezu übereinstimmten, kamen die Ärzte zu der Überzeugung, dass die Tarantel Urheberin der Krankheit sein müsse.

Wenn es die apulische Tarantel nicht war, wer oder was war dann die Ursache dieser merkwürdigen Krankheit? Der schottische Arzt Andrew Turnbull, der Mitte des 18. Jahrhunderts Italien bereiste, berichtet in einem 1771 veröffentlichten Aufsatz, dass er ungezählte Male Gelegenheit hatte, »die diesen Bissen zugeschriebenen Krankheiten zu behandeln, wobei sich herausstellte, daß sie durch die Hitze der Mittagssonne hervorgerufen waren« [24]. War das die Lösung des Rätsels?

Der Medizinhistoriker Wilhelm KATNER, der 1956 dieses Thema erneut aufgriff, bestätigte Turnbulls Ansicht, indem er belegte, dass geschilderte Symptome und der Krankheitsverlauf mit dem Krankheitsbild von **Hitzschlag** und **Sonnenstich** übereinstimmten, zumal in fast allen Quellen auf einen Zusammenhang zwischen Hitze und Spinnenbiss verwiesen wurde. KATNER zieht letztendlich den Schlussstrich unter die Geschichte des Tarantismus: »Nicht die harmlose Tarantel, sondern die Sonne war die Übeltäterin, und der jahrhundertelang Ärzte und Historiker in tausend Irrtümer verstrickende Tarentismus war nichts anderes als ein von Tanz und Musik, von Wein und Liebe umrahmter, korybantischer - Sonnenrausch« [24].

Abb. 40: Männchen der apulischen **Tarantel**.

Zum Schluss bleibt noch die Frage zu klären, wie die Bewohner Apuliens auf die Idee kamen, die angeblich Gebissenen mit Musik zu heilen. Apulien war lange Zeit ein Teil Griechenlands, die Bewohner waren daher tief in der griechischen Mythologie und Tradition verwurzelt. Trotz Christianisierung verehrten sie nach wie vor ihre Fruchtbarkeitsgötter wie Cybele, Demeter und Dionysos in entsprechenden Kultfesten, bei denen Tänze eine besondere Rolle spielten. Einigen dieser **ekstatischen Tänze** wurde gleichzeitig eine Heilwirkung zugeschrieben, mit deren Hilfe Geisteskrankheiten geheilt werden konnten. Da viele Tarantismuskranke auch Symptome zeigten, die auf eine geistige Verwirrung schließen ließen, lag es nahe, sie mit einer Tanztherapie zu heilen, zumal während der gesamten Antike Musik zur Heilung von Kranken verwendet wurde.

Und so fügte sich eins zum anderen. Aus den ursprünglichen Heiltänzen gegen Spinnenbisse, die aber Symptome eines Hitzschlages waren, entstanden im Rahmen der alten griechischen Kultfeste letztendlich regelrechte Volksfeste. Gleichzeitig stieg die Zahl jener, die behaupteten, alles sei Schwindel, die Tarantel erwies sich zudem noch als harmlos. So war es kein Wunder, dass die »carnevaletti delle donne« im 18. Jahrhundert langsam einschliefen. Als Volkstanz wird die Tarantella heute noch bei Festen aus unterschiedlichen Anlässen getanzt und gespielt.

Sowohl der Tanz als auch die Musik sind reine Produkte der **Volksmusik** und nur in sehr geringem Maße zu einer Form der Kunstmusik geworden. Ein frühes Beispiel einer freien Nachbildung scheint im Bereich der Klassischen Musik das ausdrücklich mit »La Tarantella prestissimo« bezeichnete Finale der Sonate e op. 70 (1822) von C. M. von Weber zu sein. Berühmter noch wurde Chopins »Tarantella As op. 43« (1841) und neben ihr F. Liszts »Tarantella« aus dem Zyklus »Venezia e Napoli«. Vor allem Gioacchino Rossini hegte eine besondere Vorliebe für die Tarantella. Er komponierte mehrere, und seine Ariette »La danza« verhalf der Tarantella zu weltweiter Popularität. Diese Tarantellen und eine Reihe anderer, hauptsächlich für Klavier komponiert, haben mit der ursprünglich apulischen Tarantella wenig gemeinsam. Sie wurden hauptsächlich als Stilmittel verwendet, um Lokalkolorit zu erzeugen - meist als effektvoller Schlusssatz eines zyklischen Werkes.

9.26. Mensch und Vogelspinne

Spinnen mit orthognather Chelicerenstellung (vgl. Kap. 6.1., Abb. 17b) werden in der Umgangssprache als Vogelspinnen bezeichnet.

Diese Spinnengruppe umfasst ca. 2000 Arten. Die größten Vogelspinnen können eine Körperlänge von mehr als 10 cm und eine Beinspannweite von fast 30 cm erreichen. Vogelspinnen üben eine besondere Faszination auf den Menschen aus. Sie sind als **Terrarientiere** sehr beliebt, obwohl sie in dem Ruf stehen, besonders giftig und gefährlich zu sein. Das stimmt nicht! Vogelspinnen beißen den Menschen nur in Notwehr, wenn sie sich von ihm bedroht fühlen. Obwohl einige wenige Vogelspinnen dem

Menschen ernsthafte Verletzungen zufügen können, sind sie eher harmlos (Kap. 6.4.) und werden mancherorts als nützliche Insektenfänger gern gesehen. Indianerkinder in Brasilien sollen sie sogar als **Haustiere** halten. Vogelspinnen bewohnen hauptsächlich die wärmeren Regionen der Erde. Nach ihrer Lebensweise lassen sie sich in vier Gruppen einteilen:

- **Erdbewohnende Vogelspinnen** sind zumeist sesshafte Spinnen, die mit ihren Mundwerkzeugen Röhren in die Erde graben, welche vollständig mit Spinnseide austapeziert werden. In Deutschland kommen drei kleine Arten aus dieser Gruppe vor. Bei einigen Arten wird die Röhre mit einem Deckel verschlossen, der wie eine Falltür aufgeklappt werden kann (Falltürspinnen).

- **Trichtergewebe - Vogelspinne**n stellen am Boden oder zwischen Zweigen ein trichterförmiges Gewebe her. Sie laufen nur auf ihrem Gewebe.

- **Kletternde Vogelspinnen** sind laufende, kletternde und springende Spinnen, die auf Bäumen leben und sich aus Blättern Verstecke herstellen. Einige Arten besitzen an den Beinenden ausgedehnte Haarpolster, die abgespreizt werden können. Damit können diese Arten regelrechte Gleitflüge ausführen.

- **Erdbewohnende Laufspinnen** sind bei der Jagd umherschweifende Vogelspinnen, die vorgefundene Löcher (z.B. Mauselöcher) als Verstecke benutzen.

Fressen Vogelspinnen Vögel?

Die bevorzugte Nahrung aller Vogelspinnen besteht aus lebenden Insekten, die sie erjagen und mit den Cheliceren töten. Aber auch Spinnen, sogar von der eigenen Art, werden erbeutet. Die großen baumbewohnenden Klettervogelspinnen fressen gelegentlich junge, noch nicht befiederte Vögel, welche sie in ihren Nestern überraschen. Laufspinnen verzehren auch junge, noch unbehaarte Mäuse, die sie in ihren unterirdischen Wohnkammern aufstöbern.

Warum heißen sie Vogelspinnen?

Nach einem Stich von **Maria Sibylla Merian** (1705), der eine Spinne darstellt, die einen Kolibri überwältigt hat (Abb. 41), nannte **LINNE** 1758 diese Spinne *Aranea avicularia* (avicularia = Vögelchen). Und nach dieser Spinne wurden alle mit ihr verwandten Spinnen als Vogelspinnen bezeichnet, obwohl sich die meisten nicht von Vögeln ernähren.

Wissenschaftlich wird diese Spinnengruppe, die aus mehreren Familien besteht, **»Mygalomorphae«** genannt. Innerhalb der Mygalomorphae gibt es eine Familie, deren wissenschaftlicher Name **»Theraphosidae«** lautet.

Manche Spinnenkundler verstehen unter Vogelspinnen nur die Theraphosidae und bezeichnen die anderen als »Vogelspinnenartige«. Andere wiederum bezeichnen alle als Vogelspinnen und nennen die Theraphosidae »Echte Vogelspinnen« oder »Eigentliche Vogelspinnen«.

Im Amerikanischen heißen sie **»Tarantulas«**. Sie haben jedoch nichts mit den Taranteln zu tun, die zu den (labidognathen) Wolfspinnen gehören. Vermutlich haben italienische Einwanderer die großen Vogelspinnen in Amerika nach ihren heimischen Taranteln benannt.

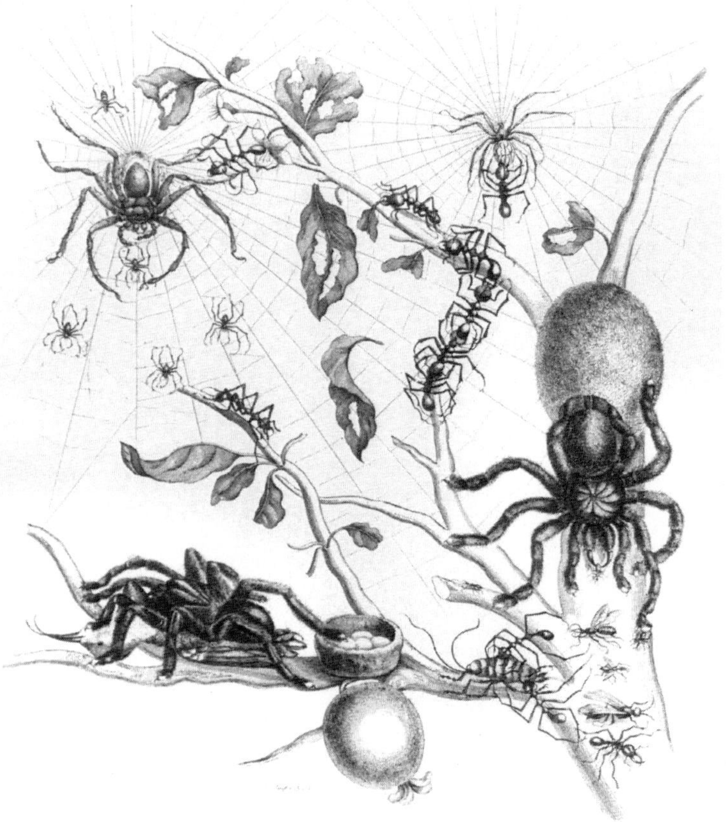

Abb. 41: **Stich von Maria Sibylla Merian** (1705) (unten links: Eine Vogelspinne überwältigt einen Kolibri).

10. Friede der Kreatur

Gleich, ob sich jetzt Ihr Verhältnis zu den Spinnen von Ekel zu Faszination gewandelt hat oder noch immer von Angst geprägt ist, eines sollten Sie gegenüber Spinnen doch tun, nämlich Frieden halten mit der Kreatur. Vielleicht gelingt es Ihnen so wie Gottfried Keller in seinem Gedicht [25]:

Friede der Kreatur

Spinnen waren mir auch zuwider
All meine jungen Jahre,
Ließen sich von der Decke nieder
In die Scheitelhaare,
Saßen verdächtig in den Ecken
Oder rannten, mich zu erschrecken,
Über Tischgefild und Hände,
Und das Töten nahm kein Ende.

Erst als schon die Haare grauten,
Begann ich sie zu schonen
Mit den ruhiger Angeschauten
Brüderlich zu wohnen;
Jetzt mit ihren kleinen Sorgen
Halten sie sich still geborgen,
Läßt sich einmal eine sehen,
Lassen wir uns weislich gehen.

Hätt ich nun ein Kind, ein kleines,
In väterlichen Ehren,
Recht ein liebliches und feines,
Würd ichs mutig lehren
Spinnen mit den Händen fassen
Und sie freundlich zu entlassen;
Früher lernt' es Friede halten
Als es mir gelang, dem Alten.

11. Kleines Spinnen-ABC

Becherhaar: siehe Trichobothrium.

Buchlunge: Paariges Atemorgan im Hinterkörper der Spinnen. In eine luftgefüllte Körperhöhle ragen feine, von Körperflüssigkeit durchflossene Blättchen.

Bulbus genitalis: Männliches Begattungsorgan am Tasterende, dient der Übertragung des Spermas.

Calamistrum: Kamm aus gleichmäßig gebogenen Borsten am Metatarsus des 4. Laufbeinpaares cribellater Spinnen. Mit ihm werden Kräuselfäden auf Wegfäden aufgebürstet.

Cheliceren: 1. Gliedmaßenpaar am Vorderkörper der Spinnen. Sie bestehen jeweils aus einem Grundglied und einer beweglichen Klaue.

Coxa: Hüfte, 1. Glied der Laufbeine und der Taster (Zählung beginnt am Körper).

Cribellate Spinnen: Spinnen mit Cribellum und Calamistrum, als Fangfäden werden Kräuselfäden verwendet.

Cribellum: Spinnplatte der cribellaten Spinnen. Auf der Spinnplatte münden sehr viele Spinndrüsen, die austretenden Fäden werden mit dem Calamistrum auf Wegfäden aufgebürstet. Dadurch entsteht die cribellate Fangwolle.

Cuticula: Oberste Körperschicht von Spinnen, in die Chitin eingelagert ist.

Ecribellate Spinnen: Spinnen ohne Cribellum und Calamistrum, als Fangfäden verwenden einige Spinnengruppen (Beispiel: Gartenkreuzspinne) Klebefäden.

Epigyne: Chitinisierte Platte, die der weiblichen Geschlechtsöffnung vorgelagert ist. An die Epigyne koppelt das Männchen sein Begattungsorgan an.

Femur: Schenkel, 3. Glied der Laufbeine und der Taster.

Glandulae aciniformes: Spinndrüsen, die auf den mittleren und hinteren Spinnwarzen münden, sie produzieren Beutefesselfäden.

Glandulae aggregates: Spinndrüsen, die auf den hinteren Spinnwarzen münden, sie produzieren die Klebesubstanz der Klebefäden.

Glandulae ampullaceae: Spinndrüsen, die auf den vorderen und mittleren Spinnwarzen münden, sie bilden Wegfäden.

Glandulae flagelliformes: Spinndrüsen, die auf den hinteren Spinnwarzen münden, sie produzieren die Grundfäden der Klebefäden.

Glandulae piriformes: Spinndrüsen, die auf den vorderen Spinnwarzen münden, sie produzieren Haftfäden.

Glandulae tubuliformes: Spinndrüsen, die auf den mittleren und hinteren Spinnwarzen münden, sie produzieren Kokonfäden.

Hämolymphe: Körperflüssigkeit, das »Blut« der Spinnen.

Kontaktchemorezeptor: Geschmackshaar, mit dem durch Betasten chemische Reize wahrgenommen werden.

Labidognathe Chelicerenstellung: Die Chelicerengrundglieder stehen senkrecht zur Körperlängsachse. Die Klauen werden gegeneinander eingeschlagen.

Lyraförmiges Organ: Aus vielen Spaltsinnesorganen zusammengesetztes Sinnesorgan.

Metatarsus: Ferse, 6. Glied der Laufbeine. Der Taster besitzt keinen Metatarsus.

Opisthosoma: Hinterkörper.

Orthognathe Chelicerenstellung: Die Cheliceren stehen in Richtung der Körperlängsachse. Die Klauen werden parallel zueinander eingeschlagen.

Patella: Knie, 4. Glied der Laufbeine und der Taster.

Pedipalpen: Taster, 2. Gliedmaßenpaar der Spinnen.

Petiolus: Stielchen, zwischen Vorder- und Hinterkörper, wird vom 1. Hinterkörpersegment gebildet.

Prosoma: Vorderkörper.

Scopula: Haare an der Unterseite der äußersten Beinglieder, die in feinste Fortsätze gespalten sind und durch Anziehungskräfte (Adhäsion) der Spinne Halt an glatten Flächen geben.

Spaltsinnesorgan: Spaltförmiges Sinnesorgan, das auf Untergrundschwingungen, Eigenbewegungen und Schwerkraft anspricht.

Tarsalorgan: Grubenförmiges Geruchsorgan auf der Tarsusoberseite.

Tarsus: Fuß, 7. Glied der Laufbeine, 6. Glied der Taster.

Tibia: Schiene, 5. Glied der Laufbeine und der Taster.

Tracheen: Atemröhren, zusätzliches Atemorgan neben den Buchlungen.

Trichobothrium: In der Cuticula eingelenktes, mit Nervenzellen verbundenes Haar, welches durch Luftschwingungen ausgelenkt wird.

Trochanter: Schenkelring, 2. Glied der Laufbeine und der Taster.

12. Verzeichnis der Spinnenarten

Angegeben sind: wissenschaftlicher und deutscher Name, Verweis auf Kapitel, Abbildung, Familie, Größe (in mm) und Lebensraum bei heimischen Arten

Agroeca brunnea Feenlämpchenspinne
Kap. 5.1., Abb. 15
Fam. Liocranidae, Größe: Weibchen: 6-10, Männchen: 5-7
Lebensraum: Wälder, Wiesen, Trockenhänge, Schutthänge, Ruderalfluren

Amaurobius ferox Kellerspinne
Kap. 8.5.
Fam. Amaurobiidae (Finsterspinnen), Größe: Weibchen: 11-16, Männchen: 10-12
Lebensraum: Hauptsächlich in Gebäuden (Keller), im Freiland seltener, unter Steinen

Araneus diadematus Gartenkreuzspinne
Kap. 7.4., 7.5., 9.14., Abb. 4, 9, 11, 23
Fam. Araneidae (Radnetzspinnen), Größe: Weibchen: bis 15, Männchen: 5-10
Lebensraum: Waldränder, Hecken, Hochstauden, Gärten

Argyroneta aquatica Wasserspinne
Kap. 1.
Fam. Cybaeidae, Größe: Weibchen: 8-15, Männchen: 5-10
Lebensraum: Pflanzenreiche Teiche und Tümpel

Cheiracanthium punctorium Dornfingerspinne
Kap. 6.4.
Fam. Miturgidae, Größe: Weibchen: 10-15, Männchen: 9-12
Lebensraum: Wiesen, Waldränder, Ödland, Ufergürtel und Wegränder

Coelotes terrestris
Kap. 5.3.
Fam. Agelenidae (Trichternetzspinnen), Größe: Weibchen: 9-10, Männchen: 7-10
Lebensraum: am Boden von Wäldern und Hecken

Cyriopagopus albostriatus
Kap. 9.22.
Fam. Theraphosidae (Vogelspinnen)

Dolomedes fimbriatus Gerandete Jagdspinne
Kap. 3.3.
Fam. Pisauridae (Kinderstubenspinnen, Raubspinnen, Jagdspinnen),
Größe: Weibchen: 13-20, Männchen: 10-15
Lebensraum: am Ufer von Gewässern

Dolomedes plantarius
Kap. 3.3, Abb. 10
Fam. Pisauridae (Kinderstubenspinnen, Raubspinnen, Jagdspinnen),
Die zweite heimische Art der Gattung Dolomedes, ist gleich groß, besiedelt die gleichen Lebensräume, ist aber sehr selten. Beide Arten laufen über die Wasseroberfläche und tauchen an Pflanzen kletternd unter Wasser.

Dysdera erythrina
Kap. 3.6., 6.1.
Fam. Dysderidae (Sechsaugenspinnen),
Größe: Weibchen: 9-14, Männchen: 6-10
Lebensraum: an sonnigen Stellen unter Steinen, oft auch in Gärten und Parks

Eratigena (Tegenaria) atrica Hauswinkelspinne
Kap. 2.2., 5.1., 7.3., 8.1., Abb. 8, 26
Fam. Agelenidae (Trichterspinnen),
Größe: Weibchen: bis 20, Männchen: 10-15
Lebensraum: hauptsächlich an und in Gebäuden

Ero furcata Spinnenfresser
Kap. 6.1.
Fam. Mimetidae (Spinnenfresser), Größe: Weibchen: 3-4, Männchen: 3
Lebensraum: Wälder, Waldränder, Ödland, Seggenriede

Hyptiotes paradoxus Dreieckspinne
Kap. 7.4., Abb. 25
Fam. Uloboridae (Kräuselradnetzspinnen), Größe: Weibchen: 5, Männchen: 4
Lebensraum: untere Zweige von Fichten

Latrodectus tredecimguttatus Schwarze Witwe
Kap. 6.4., Abb. 18
Fam. Theridiidae (Kugelspinnen)

Lycosa tarantula Apulische Tarantel
Kap. 9.25., Abb. 40
Fam. Lycosidae (Wolfspinnen)

Misumena vatia Veränderliche Krabbenspinne
Kap. 6.1., 6.3.
Fam. Thomisidae (Krabbenspinnen),
Größe: Weibchen: 9-11, Männchen: 3-4
Lebensraum: sonnige Waldränder und Trockenhänge

Nephila pilipes Seidenspinne
Kap. 9.22.
Fam. Nephilidae

Pholcus phalangioides Zitterspinne
Kap. 5.2., 8.3., Abb. 12, 26
Fam. Pholcidae (Zitterspinnen), Größe: Weibchen und Männchen: 8-11
Lebensraum: in Deutschland hauptsächlich in Wohnungen, selten im Freien

Phylloneta sisyphia
Kap. 5.4., Abb. 16
Fam. Theridiidae (Kugelspinnen), Größe: Weibchen: 3-5, Männchen: 2-4
Lebensraum: sonniges Ödland, Wegränder, Hochstauden

Pisaura mirabilis Brautgeschenkspinne (Listspinne)
Kap. 4.2., 5.2., Abb. 13, 14
Fam. Pisauridae (Kinderstubenspinnen),
Größe: Weibchen: 7-15, Männchen: 6-13
Lebensraum: Waldränder, Hecken, Ödland, Wegränder, Feuchtgebiete

Salticus scenicus Zebraspringspinne
Kap. 3.6., 6.1., 8.2., Abb. 5
Fam. Salticidae (Springspinnen), Größe: Weibchen: 5-7, Männchen: 4-6
Lebensraum: häufig im Siedlungsbereich des Menschen, in Gärten,
an und in Gebäuden

Scotophaeus scutulatus
Kap. 8.6.
Fam. Gnaphosidae (Plattbauchspinnen),
Größe: Weibchen: 8-16, Männchen: 7-11
Lebensraum: an und in Gebäuden, seltener im Freiland unter Rinde

Scytodes thoracica Speispinne
Kap. 8.4., Abb. 27
Fam. Scytodidae (Speispinnen), Größe: Weibchen: 4-6, Männchen: 3-5
Lebensraum: im Mitteleuropa fast ausschließlich in Wohnungen

Steatoda bipunctata Fettspinne
Kap. 8.7., Abb. 7, 28
Fam. Theridiidae (Kugelspinnen), Größe: Weibchen: 4-7, Männchen: 3-5
Lebensraum: hauptsächlich in Wohnungen, im Freien auch unter Baumrinde und an Felsen

Synageles venator
Kap. 6.3.
Fam. Salticidae (Springspinnen), Größe: Weibchen: 3-4, Männchen: 3
Lebensraum: sonnige Stellen an Mauern, Felsen, Baumstämmen

Titanoeca quadriguttata
Kap. 2.6., Abb. 6
Fam. Titanoecidae, Größe: Weibchen: 5-6; Männchen: 4-5
Lebensraum: an besonnten Hängen unter Kalksteinen

Uloborus walckenaerius Kräuselradnetzspinne
Kap. 7.4.
Fam. Uloboridae (Kräuselradnetzspinnen),
Größe: Weibchen: 6-8; Männchen: 3-5
Lebensraum: warme, sandige Heidegebiete

Zodarion *germanicum*
Kap. 6.1.
Fam. Zodariidae (Ameisenjäger), Größe: Weibchen: 4-5 Männchen: 3-4
Lebensraum: warme, trockene Kiefernwälder

Zygiella x-notata Sektorspinne
Kap. 7.4., Abb. 24
Fam. Araneidae (Radnetzspinnen), Größe: Weibchen: bis 10, Männchen: 3-5
Lebensraum: an Gebäuden

13. Literaturverzeichnis

13.1. Literatur zu Spinnen

BAEHR, B. & M. BAEHR (1987): Welche Spinne ist das? Kleine Spinnenkunde für jedermann. - Stuttgart: Franckh

BELLMANN, H. (1984): Spinnen: beobachten, bestimmen. - Melsungen, Berlin, Basel, Wien: Neumann-Neudamm

BRISTOWE, W. S. (1971): The world of spiders. - London: Collins

ENGELHARDT, W. (1970): Gestalt und Lebensweise der »Ameisenspinne« *Synageles venator* (Lucas). Zugleich ein Beitrag zur Ameisenmimikry. - Zool. Anz., 185: 317 - 334; Leipzig

FOELIX, R. F. (1992): Biologie der Spinnen. - 2. Auflage; - Stuttgart: Thieme

HEIMER, S. (1988): Wunderbare Welt der Spinnen. - Leipzig, Jena, Berlin: Urania / Hannover: Landbuch

HEIMER, S. & NENTWIG, W. (1991): Spinnen Mitteleuropas. Ein Bestimmungsbuch. - Berlin, Hamburg: Parey

JONES, D. (1985): Der Kosmos-Spinnenführer. - 2. Auflage; - Stuttgart: Franckh

KIRCHNER, W. (1986): Das Netz der Zitterspinne (*Pholcus phalangioides* Fuesslin) (Araneae: Pholcidae). - Zool. Anz. 216: 151 - 169; Jena

KLAAS, P. (1989): Vogelspinnen im Terrarium: Lebensweise, Haltung und Zucht. - Stuttgart: Ulmer

LANE, M: Die Spinne - Wien, Heidelberg: Ueberreuter, 1982

NITZSCHE, R. (2007): Die Spinne mit dem Brautgeschenk. *Pisaura mirabilis* (Clerck, 1757) und das Paarungsverhalten verwandter Arten der Familie Pisauridae.- Kaiserslautern: Nitzsche

RENNER, F. & W. SCHAWALLER (1988): Spinnentiere - Stuttgarter Beitr. Naturk. Ser. C., 26: 64 S.; Stuttgart

SAUER, F. & J. WUNDERLICH (1984): Die schönsten Spinnen Europas. - 2. Auflage; - Karlsfeld: Fauna

SCHMIDT, G. (1984): Spinnen. - Lehrmeisterbücher Nr. 108. Minden: Philler

SCHMIDT, G. (1989): Vogelspinnen. Lebensweise, Bestimmungsschlüssel, Haltung, Zucht. - 3. Auflage; - Minden: Blüchel & Philler

SCHNIEPER, C. & M. MEIER (1986): Spinnen, Fallensteller im seidenen Netz. - Luzern: Kinderbuchverlag

SIELMANN, H. (1983): Spinnen. - Hamburg: Tessloff (Was ist was; 73)

STERN, H. & E. KULLMANN (1981): Leben am seidenen Faden. Die rätselvolle Welt der Spinnen. - 4. Auflage; - München: Kindler

TRETZEL, E. (1961): Biologie, Ökologie und Brutpflege von *Coelotes terrestris* (WIDER) (Araneae, Agelenidae). Teil II: Brutpflege. - Z. Morph. Ökol. Tiere, 50: 375 - 542; Berlin, Göttingen, Heidelberg

WOLF, A. (1988): *Cheiracanthium punctorium* - Portrait einer berüchtigten Spinne. - Natur und Museum, 118: 310 - 317, Frankfurt

13.2. Allgemeine Literatur

DAVISON, C. D, & J. M. NEALE (1988): Klinische Psychologie. - München, Weinheim: Psychologische Verlags Union

DÄHNHARDT, O. (1907-1912): Natursagen. Eine Sammlung naturdeutender Sagen, Märchen, Fabeln und Legenden. - 4 Bände; Leipzig, Berlin: Teubner

Handwörterbuch des Deutschen Aberglaubens. 10 Bände. Hrsg: H. BÄCHTOLD-STÄUBLI, u.a. Berlin: de Gruyter, 1987

JÜHLING, J. (1900): Die Tiere in der deutschen Volksmedizin alter und neuer Zeit. - Mittweida: Polytechnische Buchhandlung

KATNER, W. (1956): Das Rätsel des Tarentismus. Eine Ätiologie der italiensischen Tanzkrankheit. - Nova acta Leopoldina, 124: 1-115, Leipzig

KNORTZ, K. (1910): Die Insekten in Sage, Sitte und Literatur. - Annaberg: Grafers

WANDER, K. F. W. (1963): Deutsches Sprichwörterlexikon. 5 Bände Neudruck der Ausgabe Leipzig 1867. - Aalen: Scienta

13.3. Zitate und Anmerkungen

[1] zitiert nach: BERTKAU, Ph. (1891): Über das Vorkommen einer Giftspinne in Deutschland. - Verh. naturh. ver. preuss. Rheinl., 48: 89-93; Bonn

[2] Schwäbisches Tagblatt Tübingen, 19.05.1988

[3] zitiert nach: DAVISON & NEALE 1988

[4] zitiert nach: Waldemar BONSELS: Die Biene Maja und ihre Abenteuer. Vierter Band: Majas Gefangenschaft bei der Spinne. - München: Schneider, 1985

[5] Dieses Sprichwort wird auch in einem anderen Zusammenhang gedeutet, nämlich mit der Tätigkeit des Spinnens. Wer morgens schon am Spinnrad saß, der musste damit seinen Lebensunterhalt verdienen und dem bereitete das Spinnen Kummer und Sorgen. Wer jedoch abends am Spinnrad saß, der machte es aus Freude, und für denjenigen war es erquickend und labend

[6] zitiert nach: Handwörterbuch des Deutschen Aberglaubens

[7] zitiert nach: WANDER (1963): Deutsches Sprichwörterlexikon

[8] zitiert nach: DÄHNHARDT, O. (1907-1912)

[9] zitiert nach: August Johann Rösel von ROSENHOF (1761): Insecten-Belustigung. 4. Teil. - Nürnberg: Fleischmann

[10] zitiert nach: KELLER, E: (1975): Der heilige Konrad von Konstanz. - Karlsruhe: Badenia

[11] zitiert nach KELLER, O. (1913): Die antike Tierwelt. 2. Band. - Leipzig: Engelmann

[12] zitiert nach: Jeremias GOTTHELF: Die schwarze Spinne. - Ditzingen: Reclam, 1986

[13] in: HERGÉ: Tim und Struppi. Der geheimnisvolle Stern. - 18. Auflage; - Reinbek: Carlson, 1989

[14] in: J. DAVIS: Garfield streicht ein. Sein zwölftes Buch. - Frankfurt: Krüger, 1989

[15] in: FRANQUIN: Gaston. Alles für die Katz. - Reinbek: Semic, 1982

[16] zitiert nach: Die Spinne. Das Geheimnis des schwarzen Kostüms. - Bad Vilbel: Condor 1988. (Marvel Comics; Nr. 117)

[17]: zitiert nach: ALDINGER, L. & H. KUHN: Wurzelputz. Die Geschichte eines kleinen Zwerges. - Heilbronn: Knorr AG (Sammelalbum der Knorr AG Heilbronn, Nahrungsmittelfabriken)

[18] zitiert nach: BRISTOWE, W. S. (1932): Insects and other invertebrates for human consumption in Siam. - Trans. Ent. Soc. London, 80: 387-404; London

[19] Joseph-Jérôme Le Français de LALANDE, geboren am 11. Juli 1732 in Bourg-en-Bresse, gestorben am 04. April 1807 in Paris. Französischer Astronom, der im Alter von 21 Jahren Mitglied der Französischen Akademie der Wissenschaften wurde. Seine Tafeln der Planetenkonstellationen galten bis zum Ende des 18. Jahrhunderts als die besten. Er organisierte eine internationale Zusammenarbeit, um die Durchgänge der Venus 1761 und 1769 zu beobachten. Die dabei gewonnenen Daten erlaubten eine exakte Berechnung der Entfernung Sonne-Erde

[20] Anna Maria von SCHURMANN, geboren am 5. November 1607, gestorben am 4. Mai 1678 in Altona, lebte die meiste Zeit in Utrecht und war als Philosophin, Dichterin, Theologin und Sprachtalent (Hebräisch, Chaldäisch, Syrisch, Arabisch, Türkisch, Äthiopisch und mehrere europäische Sprachen) eine der bedeutendsten und außergewöhnlichsten Frauen ihrer Zeit.

[21] zitiert nach: Quartermere-Disjonval, Denis Bernard (1789): Araneologie oder Naturgeschichte der Spinnen nach den neuesten bis jetzt unbekannten Entdeckungen. Aus dem Französischen der zweiten Auflage übersetzt. - Frankfurt: Barrentrapp & Wenner

[22] zitiert nach: Jean PAUL: Dr. Katzenbergers Badereise. - Durchges. erw. Aufl.; - Ditzingen: Reclam, 1986

[23] zitiert nach: KNORTZ, K. (1910)

[24] zitiert nach: KATNER, W. (1956)

[25] zitiert nach: Peter HAMM: Welches Tier gehört zu dir? Eine poetische Arche Noah. - Hanser, 1984

14. Bildnachweis

Titelbild, Abb. 31, 34, 39, Fotos: H. Lumpe, Staatliches Museum für Naturkunde Stuttgart

Abb. 4, 5, 6, 7, 8, 9, 11, 12, 13, 18: Rasterelektronenmikroskopische Aufnahmen: S. Fiechtner, Staatliches Museum für Naturkunde Stuttgart

Abb. 10, 23, 26: Fotos: F. Renner

Abb. 14: Fotos: R. Nitzsche

Abb. 16, 27: aus: BRISTOWE 1971

Abb. 29: aus: SCHIMITSCHEK, E. (1977): Insekten in der bildenden Kunst. - Naturhistorisches Museum Wien, Veröffentlichungen, Neue Folge 14; Wien

Abb. 30: umgezeichnet nach: MORRIS, D. (1982): Der Mensch, mit dem wir leben. Ein Handbuch unseres Verhaltens. - München: Droemer

Abb. 32: aus: C. M. SCHULZ: Here comes Snoopy. - 2. ed., - New York: Ballentine Books, 1984 (c) 1951, United Feature Syndicate, Inc.

Abb. 33: aus: WIDMAIER, R. (1931): Religiöser Kult der Vogelspinne in Bali (Kamerun). - XLVI. bis XLIX. Jahresbericht des Württemberrgischen Vereins für Handelsgeographie und Förderung deutscher Interessen im Auslande E. V.: 89-90; Stuttgart

Abb. 34: mit freundlicher Genehmigung des Lindenmuseums Stuttgart

Abb. 35: aus: Jeremias Gotthelf: Die Schwarze Spinne. - Illustrierte Prachtausgabe nach dem Originaltext neu hrsg. von Otto Sutermeister, Neuenbürg 1907. Foto U. Stübler, Staatliches Museum für Naturkunde Stuttgart mit freundlicher Genehmigung des Reclam Verlags, Ditzingen.

Abb. 36: aus: J. DAVIS: Garfield streicht ein. Sein zwölftes Buch. - Frankfurt: Krüger (1989) (c) 1989, United Feature Syndicate, Inc.

Abb. 37: aus: Die Spinne. Ein verhängnisvolles Foto. - Bad Vilbel: Condor 1988. (Marvel Comics; Nr. 121) (c) Marvel Entertainment Group, Inc. Mit freundlicher Genehmigung der Condor Verlag GmbH, Berlin

Abb. 38: aus: Stuttgarter Zeitung vom 20.04.1989, mit freundlicher Genehmigung von LUFF

Abb. 39: aus: KATNER, W. (1957)

Abb. 40: aus: KOBERT, R. (1901): Beiträge zur Kenntnis der Giftspinnen. - Stuttgart: Enke

Abb. 41: aus: M. S. MERIAN (1705): Metamorphosis Insectorum Surinanensium. - Amsterdam

Alle Zeichnungen: S. Fiechtner

Spinnenbücher von Rainar Nitzsche

Spinnenbiologie, Arachnophobie und Gefährlichkeit

Spinnen. Biologie - Mensch und Spinne, Giftigkeit.

Angst vor Spinnen, für Menschen gefährliche Arten in Mitteleuropa und weltweit, Sexualverhalten, Brutpflege, soziale Spinnen. Körperbau, Beute, Feinde, heimische Arten, Spinne des Jahres, Bionik. Verständlich und aktuell. 400 Seiten, 56 Abbildungen, Fachwortverzeichnis mit 384 Begriffen, ISBN 9783837036695. Auch als E-Book erhältlich.

Spinnen-Sex und mehr. Spinnenbiologie, Mensch und Spinne. Was Sie schon immer wissen wollten - und niemals zu fragen wagten.

Spinnensex: Verzehren alle weiblichen Spinnen bei, nach oder gar vor dem Sex ihre Männer? Wie häufig kommt dieser Kannibalismus vor? Ist es gar für ihn von Vorteil, von ihr verspeist zu werden? Die Balz vor der Paarung: tanzende Männchen am Tag, Trommler in der Nacht. Brautgeschenke, »Liebesfesseln« aus Seide und »Vergewaltigungen«.

... und mehr: Unsere Angst, ihr Aussehen, ihre Sinne und ihre Biologie: Mütter und Kinder, soziale Arten, Spinnenrekorde, die Spinne des Jahres. Bionik. Heimische und für uns giftige Arten. Neueste Forschung verständlich vom Fachmann erklärt. 216 Seiten, 161 Farbfotos auf 37 Tafeln. 33 SW-Fotos, 13 Tabellen, 22x Grafik/Kunst, 10x Action / Info, Fachwortverzeichnis mit 269 Begriffen, ISBN 9783930304196.

Für die Jugend

Spinnen kennen lernen

Eklig, giftig oder zum Kuscheln? Wie Spinnen wirklich sind. Infos über giftige Arten, Rekorde, soziale Spinnen, die Spinne des Jahres, Rote Listen, Brautgeschenke, Bionik und ausführliches Spinnen-ABC mit zahlreichen Fachbegriffen. Ab 12/13 Jahre. 136 Seiten, 142 Fotos, eine Grafik, ISBN 9783930304929. Auch als E-Book erhältlich.

Spinnen lieben lernen

Spinnen - ganz aktuell. Angst und Ekel, Aussehen, Brautgeschenke, Giftigkeit, Mütter und Kinder, Rekorde, Sinne. Wie sie uns nützen, und was wir alles von ihnen lernen können (Bionik). Die wichtigsten heimischen Arten und die für uns giftigsten weltweit. Kurzinfo Vogelspinnen halten. Ab 10 Jahre. Überarbeitete und um ein Fachwortverzeichnis erweiterte Auflage des Titels *Spinnen. Warum sie vor uns Angst haben*, 92 Seiten, 86 Farbfotos, 1 farbige und 1 SW Grafik, ISBN 9783930304837. Auch als E-Book erhältlich.

Spinnendarstellungen in Literatur und Film

Spinnen-Spiegelungen in Menschen-Augen

Spinnen in der fantastischen Literatur und im Horrorfilm, Giftspinnen und Spinnenangst, Kinder und Spinnen, Spinne des Jahres, Spinnenrekorde, Spinnengötter u. v. a. m.. 2. überarbeitete Auflage. 340 Seiten, 187 Abbildungen, 6 Tabellen, ISBN 9783930304653.

»Nitzsche ist nicht nur promovierter Arachnologe, sondern auch und vor allem Arachnophiler. Angesichts der stupenden, überbordenden Fülle an Informationen, Anekdoten, Illustrationen in diesem Werk muss man ihn noch einen Arachnomanen nennen! Das Unikat ... bietet in seinen 16 Kapiteln selbst Arachnophoben, Interessierten (und forschend Tätigen sowieso) eine Art Sesam-öffne-Dich-Spinnen-Universum. Im Mittelpunkt ... Spinnen in den Medien: in Film, Kinderbuch, Schöner Literatur, Märchen und Sagen; Erhellendes über die Artenvielfalt, über Spinnen-Rekorde (die größten, kleinsten, usw.), Spinnen-Devotionalien, wie – Briefmarken, Witze, -Bildschirmschoner ... Mithin ein Beitrag der fröhlichen Wissenschaft zu einem bei Vielen nicht gerade mit freundlichen Assoziationen belegten Thema, das mit »Kulturgeschichte« viel zu eng gefasst wäre.« EKZ-Informationsdienst

Traumspinnen und Spinnenträume

Spinnentraumgespinste

Spinnentraumgeschichten und Erlebnisse mit Spinnen. Shortshortstories mit Rahmenhandlung: ein Mann in der Stadt, die Stechmückenfrau, die Kreuzspinne ... Mit verfremdeten Insekten- und Spinnenfotos und der Sage von Arachne aus Spinnensicht. 2. erweiterte Auflage, 162 Seiten, 96 Abbildungen, ISBN 9783930304707.

Spinnenkunst

Spinnenkunstwelten

Brautgeschenk-, Gartenkreuz-, Haus-, Krabben-, Springspinne, Tarantel und Vogelspinne. 38 fantastisch verfremdete Spinnenfarbfotos. 36 Seiten, ISBN 9783930304714.

Spinnenkunstwelten 2

Fotos von Vogelspinnen und heimischen Arten: real sowie fantastisch verfremdet. Baldachin-, Dornfinger-, Flachstrecker-, Krabben-, Raub-, Sack-, Spring-, Trichternetz-, Wolf- und Vogelspinnen. 52 Seiten, 86 Farbfotos, ISBN 9783930304868.

Spinnen fantastisch verfremdet

Fotos von Spinnen, wie sie wirklich aussehen sowie fantastische Versionen: irdische Aliens - einfach wunderschön. 133 Fotos, 64 Seiten, ISBN 9783930304905. Die englischsprachige Ausgabe: *Fantastic Spider Worlds.* ISBN 9783930304912.

Alle Buchtitel gibt es bei Ihrem Buchhändler und bei Internethändlern.